HÄDECKE

Köstliches von Waldbäumen

bestimmen, sammeln und zubereiten

Dr. Markus Strauß

NATUR & GENUSS

Danksagung

Ein herzliches Dankeschön möchte ich meiner Freundin Reina Hartung für den regen Gedankenaustausch und die Unterstützung beim Entwickeln der Rezepte sagen. Kai Hartung montierte die Ölpresse stabil und handwerklich gekonnt. Auch ihm möchte ich für seine Hilfe herzlich danken.

Hinweise

Die hier genannten Pflanzeninformationen wurden sorgfältig recherchiert und nach bestem Wissen und Gewissen wiedergegeben. Die Hinweise zu den Heilwirkungen der Pflanzen ersetzen aber in keinem Fall den Rat und die Hilfe eines kompetenten Arztes oder Heilpraktikers. Der Verlag und der Autor übernehmen keine Haftung für Schäden, die durch unsachgemäße Anwendung der dargestellten Behandlungs- und Zubereitungsmethoden oder durch falsche Nutzung der Wildpflanzen entstehen, und übernehmen auch keinerlei Verantwortung für medizinische Forderungen.

Die Sammlung und Ernte der hier vorgestellten essbaren Pflanzenteile der Bäume sollte weder in Naturschutzgebieten noch am Rande stark befahrener Straßen erfolgen.

Impressum

6 | 2014

Lektorat: Julia Genazino

Bildnachweis: © Michael Brem, Leonberg: Umschlag, S. 4, 7, 8, 10, 16, 18 rechts, 20, 21, 22, 30, 38, 50, 56 Mitte und rechts, 62 rechts, 70, 74, 76 links / © Oliver Lieber, Malmsheim: S. 12, 18 links, 24, 32, 40, 42, 48, 54, 56 links, 60, 62 links, 68 / © Michael Brem & Oliver Lieber: S. 14, 34, 46, 53, 59, 66 – 67, 72, 79 / Seite 65: istockphoto.com, © rotofrank / historische Illustration auf Seite 51 © Leo Michels, imagines-plantarum.de / alle weiteren historischen Illustrationen: © Biolib, Kurt Stueber, Köln

Gestaltung, Grafiken und Satz: Julia Graff / Hädecke Verlag (Florale Illustrationen nach Vorlage von www.idealhut.com, Icons unter Verwendung einer Grafik von vecteezy.com)

Gesetzt aus der Zag (Svetoslav Simov/Fontfabric) und Relato Sans (Eduardo Manso/Emtype Foundry)

Printed 2014 in EU
Druck auf chlorfrei gebleichtem FSC®-Papier
ISBN 978-3-7750-0585-2

MIX
Paper from responsible sources
FSC® C057358

Abkürzungen und Mengenangaben

kg – Kilogramm	g – Gramm	ml – Milliliter = 0,001 Liter	l – Liter
EL – Esslöffel	TL – Teelöffel	cm – Zentimeter = 0,01 Meter	m – Meter

Die aufgeführten Rezepte sind, soweit nicht anders angegeben, für 4 Portionen berechnet.

Inhalt

Vorwort

Hätten Sie gedacht, dass man Ahornsirup und Birkenwasser selbst machen kann – ohne großen Aufwand? Dazu wird einfach zur rechten Jahreszeit ein kleines Loch in den Baumstamm gebohrt. Hier steckt man ein passendes Röhrchen hinein – und schon können Sie „zapfen". Nicht nur aus unserem einheimischen Ahorn, auch aus Fichten kann leicht Sirup hergestellt werden. Diese aromatischen Süßungsmittel sind etwa ein Jahr lang haltbar: ein erstklassiger Zuckerersatz!

Darüber hinaus lassen sich allerlei köstliche, gesunde und nahrhafte Gerichte aus den Früchten des Waldes zaubern: von der Beilage über das Hauptgericht bis zu Desserts, Kuchen und Brot. Der Speiseplan ist vielfältig und überaus abwechslungsreich – ob Salat, Auflauf, Snack, Gelee oder Gewürz. Auch hochwertige Speiseöle kann man selbst aus Baumfrüchten gewinnen, beispielsweise aus Bucheckern und Linden-Nüsschen.

Bevor unsere Vorfahren Gärten und Felder bestellten, ging man zum Jagen und Sammeln in die Natur. Bis in der Geschichte des Menschen die Landwirtschaft entstand, vergingen Millionen von Jahren. Im Vergleich dazu ist die Zeit, seit der es käufliche Lebensmittel und Supermärkte gibt, verschwindend kurz. Dennoch ist das Wissen über die ursprüngliche Ernährung schon beinahe in Vergessenheit geraten. Dabei bietet uns die Natur wertvolle, unverfälschte und überaus gesunde Lebensmittel in Hülle und

Fülle! Das Gute liegt greifbar nahe: Die kostbaren und gleichzeitig kostenlosen Schätze stehen uns allen zur Verfügung. Dazu muss man sie nur als solche erkennen – was wir jetzt wieder neu lernen. Die Früchte der Natur sind uns heute wie gestern von großem Nutzen, gesundheitlich und wirtschaftlich betrachtet. Nicht zuletzt überrascht die „wilde Kost" mit ihren individuellen und urig-würzigen Geschmacksrichtungen; das intensive Aroma ist schon alleine einen Versuch wert.

Mein Anliegen ist, dass Sie die Bäume in Ihrer Umgebung einmal aus einer anderen Perspektive betrachten. Wenn Sie Ihren Blick dafür geschärft haben, welche Pflanzenteile essbar sind und wie sie gesammelt und zubereitet werden, dann eröffnen sich auch auf vertrauten Pfaden ganz neue Welten. Meiner Erfahrung nach ist es für den interessierten Laien dabei wenig hilfreich, sich mit einem reinen Bestimmungsbuch auf den Weg zu machen. Viele meiner Seminarteilnehmer haben mir berichtet, dass sie angesichts der Artenvielfalt in der Vegetation letztendlich nur noch „Grün" sahen: Sie fühlten sich unsicher, was nun wirklich essbar ist und wie man die Pflanzen zu Hause zubereiten kann. Aus dieser Situation heraus ist das Konzept der Reihe „Natur & Genuss" entstanden: ein Brückenschlag zwischen Naturführer und Kochbuch!

In Mitteleuropa gibt es etwa 1500 wild wachsende, essbare Pflanzen – das Thema ist also sehr weitläufig. Schnell verliert man sich in der Menge der Informationen. Deswegen hat sich die Konzentration auf einige wenige, besonders wertvolle Arten bewährt. Die Auswahl der zehn hier vorgestellten Waldbäume wurde nach folgenden Kriterien getroffen: Die Bäume sind leicht und sicher zu erkennen, es besteht nur eine sehr geringe Verwechslungsgefahr. Die verwendeten Pflanzenteile weisen einen hohen Gehalt an Nähr- und Vitalstoffen auf. Weiterhin habe ich auf ein angemessenes Verhältnis von Aufwand und Ertrag geachtet. Mein Wunsch ist, Ihnen das Thema essbare Wildpflanzen praxisnah und alltagstauglich zu vermitteln – und im wahrsten Sinne des Wortes „schmackhaft" zu machen.

Die in diesem Buch vorgestellte Vogelkirsche wurde zum „Baum des Jahres 2010" ernannt. In der offiziellen Begründung heißt es unter anderem, dass die Vogelkirsche „seit Jahrtausenden ein Begleiter des Menschen" sei. Zudem wird ausgeführt, dass die Vogelkirsche „die Mutter aller Süßkirschen" sei. Das ist tatsächlich so: Alle Kultursorten der Süßkirschen und auch viele Zierkirschen stammen von der Vogelkirsche ab! Dementsprechend lassen sich die „urigen" Vogelkirschen kaum von den uns bekannten Kultur-Kirschbäumen unterscheiden. Die Früchte sind zwar etwas kleiner, besitzen aber ein kräftiges, süßsaures Aroma.

Es lohnt sich also, den Blick auf die Vergangenheit zu richten, um das alte Pflanzenwissen wieder zurück in unser Bewusstsein zu holen. Die Natur hat uns viel zu geben. Dabei geht es beim Sammeln nicht um Ausbeutung – das Ziel ist vielmehr, wieder gemeinsam mit der Natur zu existieren. Für unseren Bedarf ernten wir bedacht, nicht im Übermaß und ohne Pflanzen und Bäumen zu schaden. Das ist die „Bezahlung". Wenn man in diesem Sinne achtsam mit den Schätzen unserer Erde umgeht, erlebt man etwas, das sich auf einer geistigen und emotionalen Ebene abspielt. Wir Menschen sind ein Teil der Natur. Wir können uns sicher fühlen, weil wir versorgt werden. Als Sammler sind wir kein abhängiger Verbraucher, wir leben selbstbestimmter und damit auch freier. Und: Die genussvolle Zeit, die wir beim Sammeln in Wald und Wiese erleben, bringt uns der Natur wieder ein großes Stück näher. Schon ein kurzer Spaziergang erdet uns: Man findet Ruhe, Ausgeglichenheit, Entspannung. Das Ernten und Verarbeiten von Wildgemüse und Wildfrüchten ist ein existenzielles Tun, voller Lebendigkeit. Entsprechend ist es eine ganz ureigene Zufriedenheit, die sich bei dieser Arbeit einstellt.

Auch im zweiten Band der Reihe „Natur & Genuss" möchte ich Sie zu einer gesunden und ebenso genussbetonten Entdeckungsreise „zurück in die Zukunft" einladen. Nach den als Kraut wachsenden Pflanzen („Die 12 wichtigsten essbaren Wildpflanzen") stehen jetzt die Bäume im Mittelpunkt. Im dritten Band geht es um alles, was uns Hecken und Sträucher liefern: Ob Felsenbirne, Kornelkirsche oder Schlehe – sie bieten mit ihren gesundheitsfördernden Inhaltsstoffen eine spannende Alternative zum üblichen Obstangebot. Der vierte Band beschäftigt sich mit essbaren Sumpf- und Wasserpflanzen (in Vorbereitung).

In diesem Sinne wünsche ich Ihnen reiche Ernten* in der Natur und einen guten Appetit!

Markus Strauß

* **Tipp** Es gibt dazu ein praktisches Poster „Selbstversorger-Ernteplaner". Dieser zeigt auf einen Blick, wann jeweils der beste Zeitpunkt für die Ernte ist. Er ist im Handel erhältlich und kann auch gegen Berechnung bestellt werden (Bestellnr. 26904) bei Hädecke Leserservice, Postfach 1203, D-71256 Weil der Stadt, oder per eMail über info@haedecke-verlag.de.

Eicheln

Brot aus Eichelmehl

Einführung

Mit dem Begriff „essbare Wildpflanzen" werden noch immer in erster Linie „Kräuter" in Verbindung gebracht. Dass uns auch unsere einheimischen Waldbaumarten sehr nahrhafte und wertvolle Lebensmittel offerieren, findet dagegen noch kaum Beachtung. Aus diesem Grund werden nun, nachdem im ersten Band die zwölf wichtigsten – krautigen – essbaren Wildpflanzen vorgestellt wurden, die Bäume im Fokus stehen!

Triebe der Sommerlinde

Im ersten Band bildeten naturgemäß Salate und Gemüsegerichte sowie die Versorgung mit Mineralien, Spurenelementen, Vitaminen und Vitalstoffen den Schwerpunkt. Bei der Beschäftigung mit den Früchten der Waldbäume eröffnet sich eine ganz neue Dimension des Themas „essbare Wildpflanzen": Aus ihnen lassen sich Mehle und Öle gewinnen und eine große Vielfalt an sättigenden Gerichten herstellen – ja, sie können sogar die Grundlage von Brot bilden! Damit ist auch die Versorgung mit

Kohlenhydraten, Proteinen und Fetten aus der Natur sichergestellt. Eine Ernährung mit essbaren Wildpflanzen ist also nicht nur besonders gesund und lecker, sondern auch vollwertig und reichhaltig. Auf Genuss muss dabei keineswegs verzichtet werden: Das Geschmacksspektrum der hier vorgestellten Früchte und Rezepte reicht von süß bis herzhaft und es bleiben kaum Wünsche offen.

Die Beschäftigung mit den Früchten unserer einheimischen Bäume lässt uns das Thema essbare Wildpflanzen noch einmal neu erleben. Mit den Waldfrüchten können wir sogar unsere Grundnahrungsmittel in der Natur ernten – einen entsprechenden Aufwand an Arbeit und Zeit vorausgesetzt. Sogar eine weitgehende Selbstversorgung ist möglich! Die hier vorgestellten essbaren Waldfrüchte sind sehr gut lagerfähig, sodass auch eine Versorgung während der Wintermonate sichergestellt ist.

Nährstoffgehalte verschiedener Waldbaumfrüchte

Früchte	**Eiweiß**	**Fett/Öl**	**Kohlenhydrate**
Bucheckern	**25 %**	35–40 %	40 %
Eicheln	3,3 %	3,1 %	36 %
Esskastanien	2,5 %	1,9 %	**41 % (27 % Stärke und 14 % Zucker)**
Linden-Nüsschen	k. A.	28 %	k. A.
Fichtensamen	k. A.	35 %	k. A.
Walnüsse	14,4 %	**62,5 %**	10,6 %

Quellen: **Bucheckern:** Eiweiß und Kohlenhydrate: Fleischhauer, S.: Essbare Wildpflanzen (S. 52, 2007) / Fett/Öl: Löw, H.: Pflanzenöle (S. 62, 2003). · **Eicheln:** Schoenichen, W.: Von deutschen Bäumen (S. 115, 1950). **Esskastanien und Walnüsse:** Franke, W.: Nutzpflanzenkunde (S. 280 und 227, 2007). · **Linden-Nüsschen und Fichtensamen:** Löw, H.: Pflanzenöle: Anbau und Verarbeitung der gängigen Ölpflanzen (S. 62 und 63, 2003). **k. A.:** Keine verlässlichen Angaben verfügbar.

Birke

Betula pendula und Betula pubescens

Porträt

Die Birken bilden zusammen mit den Erlen die Pflanzenfamilie der Betulaceae. Von den 40 Birkenarten, die auf der Nordhalbkugel vorkommen, sind drei in Mitteleuropa heimisch: die Hänge- oder Sandbirke (*Betula pendula*), die Moorbirke (*Betula pubescens*) und die Zwergbirke (*Betula nana*). Letztere wächst als kleiner, maximal 1 m hoher Strauch an Extremstandorten wie beispielsweise in den Hochmooren des Nationalparks Harz. Die Zwergbirke ist ein sogenanntes Eiszeitrelikt. Die seltenen und streng geschützten Exemplare in Mitteleuropa sind die südlichsten ihrer Art und zeugen von der Flora der Eiszeit.

Hänge- und Moorbirke sind dagegen keinesfalls selten. Als Pioniergehölze können sie sich mithilfe ihrer zahlreichen, vom Wind auch über große Strecken verfrachteten Samen rasch verbreiten. Zudem sind Birken schnellwüchsig, besonders in jungen Jahren. Was den Standort betrifft, sind sie überhaupt nicht wählerisch. Egal, ob es feucht oder trocken ist, ob die Böden nährstoffreich oder -arm sind – wichtig ist den Birken nur eines: Sie brauchen viel Sonnenlicht!

Da Holz und Rinde auch Teer (*Pix betulina*) enthalten, ist es besonders gut brennbar und kann als einzige Holzart sogar im feuchten Zustand verheizt werden. Als Kaminholz ist die Birke daher sehr begehrt. Aus Birkenholz lassen sich viele nützliche Dinge herstellen, beispielsweise die bekannten Reisigbesen, die aus den dünnen, langen Zweigen der Hängebirke gebunden werden. Aus der Rinde werden in Finnland, Russland und Nordamerika auch Schachteln und Dosen zur Vorratshaltung von Lebens-

mitteln hergestellt, beispielsweise für Mehl, Zucker und Kekse. Sogar als Dachbedeckung wird die Birkenrinde eingesetzt. Hier kommt wieder der Birkenteer zum Tragen, der die Rinde außerordentlich haltbar und wasserdicht macht.
Im Frühjahr begegnen wir der Birke überall: Am zarten Grün der Birkenreiser wirken die bunten Ostereier besonders schön und der Maibaum ist klassischerweise eine Birke. Bei Hochzeiten wird mit frisch geschlagenen, jungen Birken dekoriert und zu Himmelfahrt, Pfingsten und Fronleichnam sind die Kirchen oft mit Birken geschmückt. Die vorchristliche rituelle Bedeutung der Birke als Symbol für den Frühling und die Fruchtbarkeit hat bis heute ihre Spuren hinterlassen.
Auch im Bereich Körperpflege und Kosmetik wird die Birke traditionell genutzt. In der letzten Zeit wurde dieses alte Wissen von Kosmetikherstellern wiederbelebt: Birken-Pflegeprodukte wurden mit großem Erfolg auf den Markt gebracht. Einige Rezepte und Verwendungshinweise für den Hausgebrauch sind im Abschnitt „Rezepte und Ideen" aufgeführt, obwohl es sich hierbei ausnahmsweise nicht um Essbares handelt.

Wuchs und Aussehen Die häufigere der beiden Arten, die Hänge- oder Sandbirke (*Betula pendula*) ist ein dekorativer Baum mit herabhängenden Zweigen und einer weißen Borke, die von tiefen, dunklen Rissen und Flecken gezeichnet ist. Ihre Blätter sind eher länglich zugespitzt. Die Moorbirke (*Betula pubescens*) wächst meist an feuchten, moorigen Standorten und hat im Gegensatz zur Hängebirke keine überhängenden Zweige sowie kleinere, rundlichere und etwas gleichmäßiger gezahnte Blätter und behaarte junge Triebe. Beide Birkenarten erreichen Höhen von maximal 25–30 m und werden meist nur 80, selten 100 Jahre alt.

***Typisch:** Auffällig an der Birke ist ihre helle, meist weiße Rinde. Diese ist beim älteren Holz von dunklen Rissen und Mustern durchsetzt, die bei der Sandbirke rautenähnlich aussehen, bei der Moorbirke hingegen von waagrechten „Bändern" durchzogen ist.*

Vorkommen Auf offenen Flächen wie Schuttplätzen und Ödland siedeln Birken sich gerne an. Wenn Sie mit dem Zug auf Reisen gehen, lässt sich oft beobachten, wie das einst von der Bahn genutzte Gelände innerhalb weniger Jahre von jungen Birken bewachsen ist. Durch den Samenflug kommen auch auf Kahlschlagflächen im Wald neue Birken auf – zwischen den jungen, vom Forstdienst gepflanzten Bäumen. Die Birken werden dann beim Durchforsten der Bestände geschlagen, oder sie verkümmern Jahre später im Schatten der nur anfänglich langsamer wachsenden Arten wie Buche, Eiche und Fichte. Diese überragen schließlich die Birken und machen ihnen das Sonnenlicht streitig.

Sie können Birken auch oft auf kultiviertem Gelände antreffen. Aufgrund ihrer schönen Wuchsform und der dekorativen Borke wird besonders die Hängebirke gerne in Parks, Alleen und auf Friedhöfen gepflanzt.

Charakteristische Inhaltsstoffe und Heilwirkungen Junge Birkenblätter enthalten maximal 2 % Flavonoide und 3 % Saponine sowie etwas ätherisches Öl, ferner 8–9 % Gerbstoffe und Harze sowie knapp 3 % Vitamin C. Birkenblätter haben eine stark diuretische, also harntreibende Wirkung – ohne dabei die Nieren zu reizen oder gar zu schädigen. Aus diesem Grund werden Tees, Frischpflanzensäfte oder Präparate aus Birkenblättern bei chronischen Nierenerkrankungen sowie bei Nieren- und Blasenentzündungen empfohlen. Es wird berichtet, dass sich nach Trinkkuren auch Nierengrieß auflösen ließ.

Auszüge aus Birkenblättern werden wie das „Birkenwasser" als Haarpflegemittel verwendet. Es lindert Beschwerden wie Schuppenbildung, beginnenden Haarausfall, fettiges Haar und Jucken der Kopfhaut. Birkenwasser enthält bis zu 5 % Zucker, organische Säuren und Eiweiße. Äußerlich wird es als Pflegemittel für Kopfhaut und Haare empfohlen, die innere Anwendung im Rahmen von Trinkkuren im Frühjahr soll sich bei Nieren- und Blasenleiden bewährt haben. Auch *Hildegard von Bingen* wusste um die Wirkung des Tees aus Blättern und Knospen, den sie bei Wassersucht und rheumatischen Erkrankungen einsetzte.

Die Korkschicht der Birkenrinde ist reich an Betulin (bis zu 22 %), einem pentazyklischen Triterpen, das auch als Birkenkampfer bezeichnet wird. Außerdem enthält die Rinde ätherisches Öl, Gerb- und Bitterstoffe sowie Harz. Auszüge aus der Birkenrinde werden als Badezusatz oder als Umschlag bei eitrigen und chronischen Hautausschlägen angewendet.

Die Knospen der weiblichen Blüten enthalten reichlich ätherisches Öl (bis zu 6 %) sowie Saponine und Bitterstoffe. Sie werden in der Volksmedizin ebenfalls als Diuretikum sowie als appetitanregendes Mittel eingesetzt.

Sammeltipps

Auch Birkenwasser können Sie, wie den Ahornsaft, direkt vom Baum abzapfen! Falls im Februar kein strenger Frost mehr herrscht, kann der in der Rinde aufsteigende Saft von kräftigen Bäumen gezapft werden (Verfahren und Hinweise: siehe Spitzahorn, Sammeltipps auf Seite 62 f.). Die Sammelzeit dauert an bis in den April. Die Knospen der weiblichen Blüten (die späteren Samenstände) sammelt man im Mai. Sie sind etwa 1 cm lang, zapfenförmig, hellgrün und hängen an den Trieben des Vorjahres. Bei den jungen Blättern kommt es bei der Erntezeit auf den Verwendungszweck an: Sollen sie als Salatbeigabe genossen werden, so sind besonders die zarten Blättchen unmittelbar nach dem Austrieb der Pflanze zu empfehlen. Die Blätter werden schon kurze Zeit später härter und derber. Dann sind sie vor allem zum Trocknen oder zur Herstellung von Auszügen für heilende oder kosmetische Anwendungen geeignet.

Verwendete Pflanzenteile und Erntezeit

Birkenwasser	Februar (falls frostfrei) bis April
Knospen der weiblichen Blüten	Mai
junge, kleine Blätter (Salat)	Mitte April bis Anfang Mai
junge Blätter (Tee, Auszüge)	Mai/Juni
Rinde junger Äste (1–4-jährige Ruten)	ganzjährig

Birkenblätter-Tee

Rezepte und Ideen

Birkenwasser Wenn Sie Birkenwasser (Verfahren: siehe Ahornsirup, S. 62 f.) das ganze Jahr über nutzen möchten, können Sie es auf folgende Weise haltbar machen: Das Birkenwasser kurz aufkochen und in heißem Zustand mithilfe eines Trichters in sterile Flaschen mit Schraubverschluss abfüllen. An einem dunklen und möglichst kühlen Ort lagern.

Rezept-Tipp: Nicht nur zur äußerlichen Anwendung als Pflegemittel für Haare und Kopfhaut ist das Birkenwasser begehrenswert, sondern auch als erfrischendes, leicht süßliches Getränk!

Birkenblättertee 1 EL getrocknete Birkenblätter pro Tasse mit heißem Wasser übergießen und zehn Minuten ziehen lassen, dann abseihen (siehe Abbildung links).

Birkenbad Für ein Vollbad benötigt man vier Handvoll getrocknete Birkenblätter oder auch eine Mischung aus frischen Blättern, Knospen und der Rinde junger Zweige. Das Sammelgut in 2–3 l Wasser zum Kochen bringen. Vom Herd nehmen und einige Stunden, besser über Nacht ziehen lassen, dann abseihen. Dieser Absud wird in das warme Badewasser gegeben. Ein Birkenbad hilft bei unreiner Haut, Schuppenflechte und Furunkulose. Je nach Schwere und Hartnäckigkeit der Beschwerden sollte das Bad mindestens 20 Minuten dauern und jeden zweiten bis dritten Tag wiederholt werden – bis die Symptome abklingen.

Birken-Kräuter-Öl Die Kräutermischung besteht aus getrockneten Birken- und Brennnesselblättern, Rosmarin und Kamilleblüten – alle zu gleichen Teilen. Die Kräuter werden mit kalt gepresstem Öl übergossen (pro Handvoll Kräuter etwa 200 ml Öl, zum Beispiel kalt gepresstes Olivenöl). Die Mischung in einem gut verschlossenen Glas an einem dunklen Ort etwa eine Woche ziehen lassen, dann abseihen. Für eine Haarkur etwas Birken-Kräuter-Öl in die frisch gewaschenen Haare einmassieren und wenn möglich eine ganze Stunde einwirken lassen. Danach mit einem besonders milden Shampoo oder mit Wascherde auswaschen.

Buche

Fagus sylvatica

Porträt

Die Buche gehört zur Familie der Buchengewächse (Fagaceae) und ist die wichtigste Laubbaumart der mitteleuropäischen Wälder. Ohne menschlichen Einfluss auf die Natur wäre Mitteleuropa großflächig von Buchenwäldern bedeckt. Aufschlussreich ist die Übersetzung des botanischen Namens der Buche: Der aus dem Griechischen stammende Name „Fagus" bedeutet „Essen" und „sylvatica" heißt „aus dem Wald": Die Buche ist also das „Essen aus dem Wald". Die Nutzung der Buche als Nahrungsquelle für Mensch und Haustiere hat eine lange Tradition und lebt auch in den volkstümlichen Namen „Esslaub" und „Mastbuche" fort.

Buchenholz kann sehr vielfältig genutzt werden und ist daher begehrt. Gerade gewachsene Stämme finden in der Möbelindustrie und als Bauholz für den Innenausbau Verwendung, beispielsweise als Parkettboden. Das harte und leicht zu verarbeitende Holz brennt zudem sehr gut und wird daher auch zu Holzkohle verarbeitet.

Wuchs und Aussehen Buchen können bis zu 40 m hoch werden und entwickeln mächtige Kronen. Die Stämme zeichnen sich durch eine silbergraue, relativ glatte Borke aus. Das harte und schwere Holz ist rötlich gefärbt, ihr Name „Rotbuche" bezieht sich darauf. Das Blattwerk ist kurz nach dem Austrieb Ende April/Anfang Mai sehr zart und weich, wird jedoch schon kurze Zeit später wesentlich der-

der jungen Buche. Die Früchte der Buche heißen Bucheckern. Jeweils ein bis zwei der kleinen, dreikantigen Nüsse reifen in einem verholzten, mit gekrümmten Stacheln versehenen Fruchtbecher heran. Ende September/Anfang Oktober platzt dieser auf und gibt die Nüsse frei.

Typisch: *Die Blätter der Buche sind eiförmig, haben einen glatten Rand und stehen wechselständig an den Zweigen.*

Vorkommen Da die Buche sowohl auf saurem als auch auf kalkhaltigem Boden gut gedeiht und sogar im Schatten älterer Bäume heranwachsen kann, besitzt sie von Natur aus eine große Konkurrenzkraft und Vitalität gegenüber anderen Baumarten. Im Bereich des atlantisch geprägten Klimas mit seinen ausreichenden Niederschlägen ist die Buche bis in Meereshöhen von 600–800 m der natürliche Leitbaum der Wälder Mitteleuropas. Lediglich sehr trockene oder staunasse Standorte sowie regelmäßig überflutete Auwälder überlässt die Buche anderen Baumarten.

Charakteristische Inhaltsstoffe und Heilwirkungen Das junge Buchenlaub enthält sehr viele wertvolle Mineralstoffe und schmeckt säuerlich, vergleichbar mit Sauerampfer. Bucheckern haben einen mandelähnlichen Geschmack und sind außerordentlich nährstoffreich: 100 g enthalten 580 Kilokalorien, wofür vor allem der Gehalt an 35 % fettem Öl verantwortlich ist. Außerdem liefern die kleinen Nüsse Stärke (40 %) und Eiweiß (25 %), die Vitamine C und B_6 sowie Kalzium und Eisen.
Der Gehalt an Alkaloiden und Fagin erfordert allerdings besondere Beachtung: Bucheckern müssen vor dem Verzehr kurz erhitzt werden – so werden diese leicht giftigen Inhaltsstoffe ganz und gar unschädlich gemacht. Richtig zubereitete Bucheckern sind eine nahrhafte Delikatesse! Die unten aufgeführten Rezepte können Sie also unbesorgt genießen. Vom Verzehr größerer Mengen an rohen Bucheckern ist dagegen abzuraten, da dies Kopfschmerzen und Magenverstimmungen auslösen kann. Der Verzehr von rohem, jungem Buchenlaub ist hingegen völlig unbedenklich.
In der Bachblütentherapie nach *Dr. Edward Bach* wird „Beech" bei Menschen eingesetzt, die intolerant sind, pedantisch kritisieren und unter überzogenen Anforderungen und Wertmaßstäben leiden, die sie an sich und andere stellen.
Hildegard von Bingen setzte fiebersenkende Tees aus Buchenrinde ein. Aus dem Aufguss von Blättern machte sie Kompressen, die sie bei Gerstenkörnern auflegte.

Sammeltipps

Sobald die Bäume im Frühjahr (Ende April/Anfang Mai) neu austreiben, können Sie die jungen, noch zarten und weichen Blätter der Buche sammeln. Ab Mitte April findet man unter alten Buchen in der Laubstreu vom vorigen Jahr die auffälligen Keimlinge. Sie schmecken zart aromatisch und können als Zutat im Salat genossen werden. Für die Bucheckern ist von September bis November Erntezeit. Am einfachsten ist es, die Bucheckern nach einem Herbststurm auf einem Waldweg aufzulesen – auf dem festen Untergrund muss man die kleinen Nüsse nicht aus der weichen Laubschicht heraussuchen, was Zeit und Mühe spart.

Falls Sie die Bucheckern nach dem Sammeln nicht gleich weiterverarbeiten, sollten diese nicht im Sammelgefäß bleiben. Sie werden am besten auf einer Zeitung oder einem Tuch ausgebreitet und trocken gelagert, sodass sich kein Schimmel bilden kann.

Verwendete Pflanzenteile und Erntezeit

junge Blätter	Ende April bis Anfang Mai
Keimlinge	ab Mitte April
Bucheckern	Ende September bis November

Rezepte

Buchenblätter-Salat

4 Handvoll junge Buchenblätter • eventuell einige Buchenkeimlinge
80 g Schafskäse • 2 EL Olivenöl • etwas weißer Balsamico oder Zitronensaft
Salz, Pfeffer, Rohrohrzucker

Die Buchenblätter zunächst von den Knospenschuppen befreien, die noch an den jungen Trieben hängen. Als ganze Blätter waschen, trocken schleudern und in die Salatschüssel geben, eventuell mit Buchenkeimlingen mischen. Den Schafskäse mit einer Gabel zerdrücken und zusammen mit Öl, Essig oder Zitronensaft, Salz, Pfeffer und Zucker eine Salatsauce anrühren. Dabei empfiehlt es sich, mit Essig oder Zitrone etwas zurückhaltend umzugehen, da der Eigengeschmack der jungen Blätter leicht säuerlich ist. Den Salat mit dem Dressing vermengen.

Rezept-Tipp: Vermischen Sie für einen Salat die ganzen Blätter mit den jungen Keimlingen. Die abwechslungsreichen Blattformen machen den Salat noch interessanter. Statt Balsamico oder Zitronensaft kann man auch Orangensaft und etwas Schalenabrieb (nur von unbehandelten Bio-Orangen) für das Dressing verwenden, dann kann der Zucker weggelassen werden.

Knabberspaß mit Bucheckern Dieses Grundrezept für Bucheckern eignet sich, um die Früchte pur zu knabbern oder um sie als herzhafte Beigabe in Salaten und Gemüsegerichten zu verwenden. Zunächst die Nüsse schälen: Dazu die Bucheckern kurz mit kochendem Wasser überbrühen. Die äußere braune Schale wird so weicher und lässt sich dann mit einem handlichen Küchenmesser leicht entfernen. Der innere weiße Kern der Nuss ist von einer dünnen, bräunlichen Haut überzogen. Diese muss nicht entfernt werden, da sie beim Rösten der Kerne entweder von alleine abfällt oder mitgegessen werden kann. Jetzt die Bucheckern rösten: Dazu die Waldfrüchte in einer heißen Pfanne unter ständigem Rühren mindestens fünf Minuten erhitzen. Die köstlichen Bucheckern sind nun verzehrfertig und können leicht gesalzen oder pur genossen werden.

160. Fagus silvatica L. Rotbuche.

Bucheckern-Risotto

2–3 EL Olivenöl oder 40 g Butter · 300 g Risotto-Reis (vorzugsweise Arborio) 1 l Gemüsebrühe, heiß · Salz, Pfeffer · 2 Zwiebeln oder 6 Schalotten · etwas Olivenöl 1 große Möhre, mit der Gemüsebürste unter Wasser geputzt · 4 Knoblauchzehen, geschält · 150 g Bucheckern · etwas Parmesan

In einem Topf Öl oder Butter erhitzen und den Reis darin glasig werden lassen. Nach und nach unter ständigem Rühren die heiße Gemüsebrühe dazugießen. Wenig salzen, pfeffern und auf kleinster Flamme langsam ziehen lassen – dabei immer wieder umrühren. Zwiebeln oder Schalotten schälen, klein würfeln und in einer Pfanne mit etwas Olivenöl anschwitzen. Möhre klein schneiden, dazugeben und garen lassen. Knoblauchzehen in feine Scheibchen schneiden und kurz mitgaren. Die Bucheckern hinzufügen und das Ganze unter den fast fertigen Reis heben. Den Risotto auf kleinster Flamme durchziehen lassen, bis der Reis gar (außen weich, innen noch Biss) und die Flüssigkeit eingezogen ist. Vor dem Servieren den geriebenen Parmesan einrühren.

geröstete Bucheckern

Bucheckernöl Zur Herstellung von eigenem Öl benötigt man zuerst einmal eine Ölpresse. Aber: Gute Öle sind teuer – und vielleicht lohnt sich ja für manch einen die Anschaffung einer Ölpresse für den Hausgebrauch.
Aus etwa 3–4 kg Bucheckern lässt sich 1 l Öl herstellen – je nach Leistungsfähigkeit der verwendeten Presse. Bei der einfacheren Methode der Ölherstellung werden die Bucheckern nicht geschält, sondern lediglich in einem Wasserbad gewaschen und sortiert: Dabei schwimmen die leichteren, „tauben" Nüsse obenauf und können so entfernt werden. Ein qualitativ besseres Öl erhält man, wenn man die Bucheckern wie oben beschrieben vorbereitet (siehe: Knabberspaß mit Bucheckern). Das Öl sollte direkt nach der Pressung in sterile Flaschen aus dunklem Glas abgefüllt und an einem dunklen und möglichst kühlen Ort gelagert werden. Es schmeckt angenehm nussig und ist lange haltbar.

Rezept-Tipp: Bucheckernöl besteht zum größten Teil aus ungesättigten Fettsäuren, ist hellgelb und geruchlos. Als Speiseöl ist es in der kalten Küche universell einsetzbar.

Eiche

Quercus robur und Quercus petraea

Porträt

Die Eiche gehört zur Familie der Buchengewächse (Fagaceae). In Mitteleuropa kommen vor allem zwei Arten weitverbreitet vor: die Stieleiche (*Quercus robur*) und die Traubeneiche (*Quercus petraea*). Seltener sind die aus Nordamerika eingeführte Roteiche (*Quercus rubra*) und die Flaumeiche (*Quercus pubescens*). Letztere bevorzugt wärmere, submediterrane Standorte wie Südbaden am Kaiserstuhl oder Südtirol. Generell gilt: Die Früchte aller Eichenarten sind essbar.

Besonders die alten, betagten Eichen ziehen uns Menschen magisch an: Ihr urwüchsiges, knorriges Aussehen, die weit ausladende Krone und der dicke Stamm vermitteln das Gefühl von Ewigkeit. Hier mögen vielleicht auch schon die Zeitgenossen Goethes oder ein mittelalterlicher Ritter verweilt haben. Vielleicht war diese Ausstrahlung auch der Grund dafür, warum die Eiche den Germanen als heiliger Baum galt und rituelle Handlungen im Schutz alter Eichen abgehalten wurden. Etwas von dieser Symbolkraft hat sich bis in unsere Zeit herübergerettet: So manche gründerzeitliche Stuckdecke oder floral verzierte Jugendstilfassade schmückt sich mit Eicheln und Eichenblättern. Auch Wappen und Vereinsabzeichen sind oft mit Eichenlaub verziert – bis hin zum ehemaligen deutschen Zahlungsmittel, der 1-DM-Münze.

Das Holz der Stieleiche und in etwas abgeschwächter Form auch das der Traubeneiche ist für seine außerordentliche Dauerhaftigkeit, Härte, Tragfähigkeit und Elastizität berühmt. Im Vergleich übertrifft es alle anderen einheimischen Hölzer. Als Möbel- und Bauholz wird es eingesetzt für den Erd-, Hoch-, Brücken- und Wasserbau. Weiterhin wird es als Fassholz genutzt.

Wuchs und Aussehen Eichen sind die mächtigsten Bäume Mitteleuropas. Sie können über 1000 Jahre alt und über 40 m hoch werden. Die Früchte der Stieleiche wachsen an langen Stielen, während die Blätter fast ungestielt sind. Die Blätter der Traubeneiche sind dagegen gestielt, ihre Früchte sitzen jedoch ohne Stiel direkt auf den Zweigen.

Typisch: *Der knorrige Wuchs, die raue Borke, die typisch gelappten Blätter sowie die in verholzten Fruchtbechern heranreifenden Eichelfrüchte machen Eichen unverwechselbar.*

Vorkommen Stieleiche und Traubeneiche sind in den tieferen Lagen Mitteleuropas weitverbreitet: Dort, wo es den konkurrenzstarken Buchen entweder zu nass oder zu trocken ist, sind die Eichen von Natur aus die dominierende Baumart. So ist die Stieleiche einer der charakteristischen Baumarten der grundwassernahen und sogar zeitweise überfluteten Auwälder. Die Traubeneiche besiedelt dagegen die trockenen Standorte. Sie liebt warmes, eher trockenes Klima und gut durchlüftete Böden.

Charakteristische Inhaltsstoffe und Heilwirkungen Rinde, Blätter und Früchte der Eichen haben einen hohen Gehalt an Gerbstoffen. Gerber verwendeten früher die getrocknete Rinde junger Eichenzweige, um aus Tierhäuten haltbares Leder herzustellen. In der Volksmedizin werden die Gerbstoffe der Eichenrinde als Absud zur Behandlung von juckenden und entzündlichen Hauterkrankungen genutzt. Dazu werden Waschungen oder Bäder empfohlen.
Für die Zubereitung von Speisen sind jedoch nur die Früchte der Bäume, die Eicheln, interessant. Wird deren hoher Gerbstoffgehalt durch das Wässern der geschälten Eicheln reduziert, so sind die wertvollen Nährstoffe für den Menschen sehr gut nutzbar (siehe Grundrezept Eichelmehl). Die Eicheln enthalten viel Stärke (36 %), etwas Eiweiß (3,3 %) und wenig Fett (3,1 %).
In der Bachblütentherapie nach *Dr. Edward Bach* wird „Oak" bei Menschen eingesetzt, die sich unter großen Druck setzen, sich durch ihr Verpflichtetsein überbelasten und sich dadurch übermäßig und langfristig erschöpfen. Das Bild der „Deutschen Eiche" für pflichtbewusste Menschen kommt nicht von ungefähr.

Sammeltipps

Besonders nach einem stärkeren Herbstwind finden Sie ab Ende September bis Mitte Oktober unter Eichen reichlich reife Eichelfrüchte auf dem Waldboden. Zum Sammeln eignet sich ein Span- oder Weidenkorb besonders gut – hier werden die meist feuch-

ten Eicheln auch seitlich belüftet. Wer einen Vorrat für die Wintermonate anlegt, breitet die frisch gesammelten Früchte flach auf einem Tuch oder Zeitungspapier aus und lässt sie trocknen. So beugt man Schimmelbildung und Fäulnis vor. Dann die trockenen Eicheln möglichst luftig an einem trockenen und kühlen Ort lagern, beispielsweise in flachen Schachteln ohne Deckel. So können sie später bei Bedarf weiterverarbeitet werden. Falls einige der gelagerten Eicheln zu keimen beginnen, können Sie diese gut verwenden: Gekeimte Eicheln sind sogar noch reicher an wichtigen Inhaltsstoffen, da durch die Keimung wertvolle Enzyme gebildet werden. Die vitamin- und enzymreichen Keimlinge sollten Sie sich also nicht entgehen lassen!
Die Rinde der Eiche ist reich an Gerbstoffen (8–15 % Gerbstoffgehalt), ganz besonders zur Saftzeit im Frühjahr. Wer sich einen Vorrat an Eichenrinde für hautpflegende Bäder anlegen möchte, sollte diese im Frühjahr an jungen Zweigen abschälen und anschließend im Dörrgerät oder an einem schattigen, luftigen Ort trocknen.

Verwendete Pflanzenteile und Erntezeit

Rinde	ganzjährig, besonders März bis Mai
Eicheln	Ende September bis Mitte Oktober

Rezepte und Ideen

Die meisten der hier vorgestellten Verarbeitungstechniken und Rezepte basieren auf einem Heft, das nach dem Zweiten Weltkrieg von Erika Lüders herausgegeben wurde: „10 Pfund Eicheln sind 7 Pfund Eichelmehl“. Diese Frau hat ihre positiven Erfahrungen mit der Verarbeitung von Eicheln während des „Hungerwinters“ 1945/46 gesammelt.

Die Rezepte wurden von mir ausprobiert, neu entwickelt und unserer heutigen Küche angepasst, denn es wäre schade, wenn dieses Wissen verloren ginge.

Grundrezept Eichelmehl Die Eicheln acht bis zehn Minuten leicht in einer Pfanne mit Deckel oder im vorgeheizten Backofen auf einem Blech rösten. Dabei mehrmals mit einem Kochlöffel wenden. Durch das Erhitzen verringert sich der Wassergehalt der Eicheln, der innere Kern dehnt sich aus und sprengt schließlich die Schale – das ist der Zweck des Röstens. Die aufgeplatzten Schalen ablösen, schadhafte Eichelkerne aussortieren. Die Waldfrüchte ein bis zwei Tage in kaltem Wasser einlegen, um ihnen die Gerbstoffe zu entziehen, dabei gelegentlich umrühren. Schlemmkreide oder Natron im Wasser (1 TL auf 2 l Wasser) unterstützen den Vorgang. Hilfreich ist es, während des Einweichens das Wasser zweimal abzugießen und durch frisches zu ersetzen. Das Wasser färbt sich braun, die Kerne werden heller. Nach dem Wässern die Kerne in einem Sieb gut abtropfen lassen.
Für Eichelmehl die Früchte durch einen Fleischwolf drehen, grobe Rückstände im zweiten Durchgang zerkleinern. Das grobkörnige, helle Mehl eventuell durchsieben. Praktisch ist es, den jeweiligen Wochenbedarf in einem Arbeitsgang herzustellen. Die im Wasserbad ausgelaugten Früchte haben nur noch einen geringen Eigengeschmack, der leicht an Mandeln erinnert. Das Eichelmehl quillt kaum auf – es bindet also nicht. Daher muss es, um für Speisen gebunden zu werden, zusammen mit Getreidemehl verarbeitet werden. Bei dieser Mischung hat sich ein Verhältnis von 1:1 bewährt. Erika Lüders schreibt dazu: „Eichelmehl [ist] sehr sättigend. [...] Jeder Suppe, jedem Eintopfgericht kann unbeschadet des Geschmacks eine Handvoll Eichelmehl zur Anreicherung hinzugefügt werden."

Rezept-Tipp: Die gerösteten, gewässerten und anschließend gekochten Eicheln kann man ähnlich wie Esskastanien verwenden, beispielsweise für Füllungen oder Aufläufe.

Eichelbratlinge
150 g Soja-Hack oder Pilze, klein geschnitten, nach Angebot und Geschmack
200 g Pellkartoffeln, fein zerdrückt • 200 g Eichelmehl • 1 Zwiebel, geschält und gewürfelt • Salz, Pfeffer • 2 Knoblauchzehen, geschält und durchgepresst
Kräuter – auch Wildkräuter – nach Geschmack und Saison, fein gehackt • 1 Ei
1 TL Senf • Öl zum Anbraten

Alle Zutaten zu einer gleichmäßigen Masse vermengen und gut durchkneten. Mit nassen Händen Bratlinge formen. In einer erhitzten Pfanne in Öl etwa 20 Minuten von beiden Seiten gut durchbraten, Pfanne dabei abdecken.

Eichelsuppe

7 EL Dinkelvollkornmehl, am besten frisch gemahlen (alternativ: Dinkelmehl, Mehltype 1050) · ca. 10 EL kaltes Wasser · 5 g Butter oder Pflanzenfett · 1 l Wasser 7 EL Eichelmehl · Salz, Pfeffer · Kräuter, klein gehackt, nach Geschmack und Angebot

Einlage:

1 Bund Suppengrün, klein gewürfelt · Zwiebeln, geschält und klein gewürfelt oder anderes Gemüse nach Geschmack und Saison · 1 EL Öl zum Braten Zwiebelringe, geröstet oder Croûtons mit Knoblauch · Kresse oder Zitronenthymian

6 EL Dinkelvollkornmehl mit kaltem Wasser glatt rühren. Butter in einem Topf erhitzen und mit dem restlichen Dinkelvollkornmehl eine Mehlschwitze zubereiten. Wasser zugießen, umrühren und aufkochen lassen. Das vorbereitete Dinkelvollkornmehl ohne Klümpchenbildung einrühren, dann das Eichelmehl einrieseln lassen und gut durchrühren. Einmal aufkochen, Topf vom Herd ziehen und 15 Minuten quellen lassen. In der Zwischenzeit das Gemüse in wenig Öl bissfest anschwitzen. Zur Eichelsuppe geben und mit Salz, Pfeffer und aromatischen Kräutern abschmecken. Mit gerösteten Zwiebelringen oder Knoblauch-Croûtons, Kresse oder Zitronenthymian servieren.

Süße Eichelsuppe

7 EL Dinkelvollkornmehl, am besten frisch gemahlen (alternativ: Dinkelmehl, Mehltype 1050) · ca. 12 EL kaltes Wasser · 7 EL Eichelmehl · 2 l Wasser · Zimtpulver, Rohrohrzucker oder Datteln und Rosinen

Beilage:

frisches Obst, frische Beeren, Apfelmus, Sirup oder Marmelade

Dinkelvollkornmehl mit kaltem Wasser glatt rühren. Eichelmehl in kochendes Wasser einrieseln lassen, gut umrühren. Das Dinkelmehl ohne Klümpchenbildung einrühren, einmal aufkochen, Topf vom Herd ziehen und 15 Minuten gar ziehen lassen. Mit Zimt und Zucker abschmecken oder mit fein geschnittenen Datteln und Rosinen süßen.

Frisches Obst, frische Beeren, Apfelmus, Sirup oder Marmelade sind passende Beilagen. Ein Frühstück, das für einen kraftvollen Start in den Tag sorgt!

Eichelplätzchen

150 g Dinkelmehl, Mehltype 1050 · 150 g Kartoffeln · 200 g Eichelmehl 125 g Zucker · 25 g Butter oder Pflanzenfett · etwas natürliches Mandelaroma 1 Prise Salz · 1 Ei · etwas Wasser

Dekoration:

1 Ei, verquirlt · Mandeln, abgezogen und halbiert

Dinkelmehl in eine Schüssel sieben und mit den restlichen Zutaten zu einem Teig verkneten. So viel Wasser zugießen, bis ein fester, glatter Teig entsteht. Zur Teigrolle formen, davon mit einem bemehlten Messer mit glatter Klinge dünne Scheiben abschneiden. Den Backofen vorheizen. Ein Backblech fetten oder mit Backtrennpapier belegen, die Teigscheiben eng nebeneinander auflegen, mit dem verquirlten Ei bestreichen und mit einer halben Mandel belegen. Auf der mittleren Schiene im vorgeheizten Backofen acht bis zehn Minuten backen. Die Plätzchen sind fertig, wenn sie hellbraun sind.

Eichelschnitten

100 g Kartoffeln · 250 g Dinkelvollkornmehl, am besten frisch gemahlen (alternativ: Dinkelmehl, Mehltype 1050) · 250 g Eichelmehl · 20 g Hefe · 3 EL lauwarmes Wasser · 20 g Butter oder Pflanzenfett · 100 g Zucker oder 1 EL Salz, nach Geschmack · lauwarmes Wasser

Kartoffeln kochen, pellen und mit einer Gabel zerdrücken oder durch die Flotte Lotte drehen, mit Dinkel- und Eichelmehl vermengen. Hefe in lauwarmem Wasser auflösen und mit Butter, Zucker oder Salz in die Mehlmasse geben. Nach und nach lauwarmes Wasser zugießen und alles gut durchkneten, bis ein fester Teig entsteht. Teig auf einem leicht gefetteten oder mit Backpapier ausgelegten Backblech flach ausrollen. Bei mäßiger Wärme etwa zwei Stunden gehen lassen. Dann bei 180 °C etwa 30 Minuten im vorgeheizten Ofen backen. Den warmen Teig in Streifen schneiden; diese nochmals in kleine Schnitten unterteilen. Auf einem Kuchengitter erkalten lassen.

Rezept-Tipp: *Eichelschnitten sind ein guter Brotersatz; sie eignen sich zum Belegen und Bestreichen.*

Eichelaufstrich

1 EL Butter · 2 EL Dinkelvollkornmehl, am besten frisch gemahlen (alternativ: Dinkelmehl, Mehltype 1050) · 3 EL Eichelmehl · 1 Tasse Wasser · 1–2 TL Hefewürze · 1 EL Butter oder natives Kokosöl · Salz, Pfeffer · frische Kräuter nach Wahl · 1 Zwiebel, geschält und fein gehackt (oder etwas Meerrettich, frisch gerieben)

Butter in einem Topf erhitzen und mit dem Dinkelmehl eine Mehlschwitze zubereiten. Eichelmehl mit Wasser glatt rühren und dazugießen. Unter Rühren aufkochen lassen und vom Herd nehmen. Hefewürze und Butter dazugeben, mit Salz und Pfeffer abschmecken, nach Belieben mit Kräutern und Zwiebelwürfeln verfeinern.

Diese Variationen sind besonders lecker:

„Leberwurst" Den Aufstrich mit Majoran, Thymian, Salz und Pfeffer würzen.

Champignon In einer Pfanne fein gewürfelte Pilze und etwas Knoblauch in Olivenöl anschwitzen. Unter die Aufstrichmasse mengen, mit Salz und Pfeffer abschmecken.

Tomate Statt der Hefewürze 100–150 g Tomatenmark (zweifach konzentriert) in die heiße Masse rühren. Mit ½ TL Rohrohrzucker, 3 TL Balsamico, Salz, Pfeffer und eventuell Chili abschmecken.

Indisch In einer Pfanne eine fein gewürfelte Zwiebel in Öl anschwitzen. 150 g sehr kleine Ananas- und/oder Mangostückchen, 1 TL fein gehackten, frischen Ingwer und 1 EL eingeweichte Korinthen zugeben sowie 1 EL fein gehackte Cashewkerne, 1 EL weißen Balsamico, 1 TL Rohrohrzucker und 2 TL Currypulver oder Garam Masala unterrühren. Nach Belieben mit Salz, Pfeffer und eventuell Chili abschmecken.

Eichelbrot

500 g Weizenmehl (Type 405), gesiebt · 2 Prisen Salz · 25 g Hefe · 3 EL lauwarmes Wasser · 1 Prise Zucker · 600–700 ml lauwarmes Wasser · 500 g Eichelmehl

Weizenmehl mit Salz vermengen. Hefe in 3 EL lauwarmem Wasser mit etwas Zucker auflösen und unter das Weizenmehl rühren. 600–700 ml Wasser gut mit dem Teig verrühren und an einem warmen Ort etwa eine Stunde gehen lassen. Dann das Eichelmehl einarbeiten und den Teig gründlich durchkneten. Einen länglichen Laib formen, auf ein bemehltes oder mit Backpapier belegtes Backblech setzen und oben etwa viermal einkerben. Den Brotlaib nochmals gehen lassen. Eine feuerfeste Schüssel mit Wasser in den Ofen stellen. Im auf 190 °C vorgeheizten Backofen zunächst zehn Minuten backen, dann die Temperatur reduzieren und bei mittlerer Hitze 50–60 Minuten backen. Zur Probe ein dünnes, spitzes Hölzchen in den Teig stechen. Klebt noch Teig am Hölzchen: weiterbacken! Wenn das Hölzchen trocken bleibt, ist das Brot fertig.

Rezept-Tipp: *Damit das Eichelbrot beim Backen nicht auseinanderläuft, sollte der Teig kräftig und gründlich durchgeknetet werden. Brotbackformen aus Keramik verwenden.*

Eichelkuchen

Hefeteig:

250 g Dinkelmehl (Type 1050) · 250 g Eichelmehl · 50 g Kakao · 20 g Frischhefe (in 3 EL lauwarmem Wasser aufgelöst) oder 9 g Trockenhefe · 2 EL Zucker · 1 Prise Salz 2 TL Zimtpulver · 1 Prise Muskatnuss, frisch gerieben · ½ TL Gewürznelkenpulver 1 TL Anissamen, leicht angequetscht · ½ TL Kardamompulver · ½ TL Piment, gemahlen · ¼ l lauwarmes Wasser

Streusel:

160 g Dinkelmehl (Type 1050) · 150 g Zucker · 80 g Butter oder natives Kokosöl · etwas Wasser

Dinkelmehl in eine Schüssel sieben, mit den restlichen Zutaten einen Hefeteig herstellen und an einem warmen Ort etwa 30 Minuten gehen lassen. Den Teig in eine gefettete Springform einfüllen und nochmals gehen lassen. In der Zwischenzeit die Streuselzutaten vermengen. Dabei den Teig zwischen den Fingerspitzen so zerreiben, dass sich Streusel bilden. Den Kuchen gleichmäßig damit bestreuen und etwa eine Stunde im vorgeheizten Ofen auf der mittleren Schiene bei 180–200 °C backen.
Die Zuckermenge im Hefeteig ist reduziert, damit mehr Zucker für die Streusel verwendet werden kann.

Eichelkaffee Dieser herb-aromatische Kaffee-Ersatz ist sehr bekömmlich! Reife Eicheln schälen und in kleine Würfel schneiden. Wie beschrieben wässern (siehe Grundrezept Eichelmehl), anschließend trocknen lassen. Auf einem Backblech im vorgeheizten Ofen bei 120 °C etwa 20 Minuten mittelbraun rösten, abkühlen lassen und wie Kaffeebohnen in einer Kaffeemühle mahlen. 2 TL Eichelkaffee pro Tasse mit kochendem Wasser überbrühen, zehn Minuten ziehen lassen, abseihen. Nach Belieben Zucker und/oder Sahne/Rahm zugeben.

Eichenrindensud Der Badezusatz dient der äußerlichen Anwendung. Bäder mit dem Sud können bei der Behandlung von juckenden und entzündlichen Hautleiden helfen. Pro Vollbad 500 g junge, etwa bleistiftdicke Eichenzweige in Stücke schneiden und in einem großen Topf 20 Minuten lang auskochen. Diesen Sud gibt man in das warme Badewasser. Die Badezeit sollte mindestens 15 Minuten betragen. Empfehlenswert ist eine wiederholte Anwendung alle zwei bis drei Tage, bis die Beschwerden abklingen.

Blüte der Esskastanie

Esskastanie

Castanea sativa

Porträt

Die Esskastanie ist ein Mitglied der Familie der Buchengewächse (Fagaceae). Sie ist somit näher mit der Rotbuche verwandt als mit der Rosskastanie, die zu einer ganz anderen Familie zählt (Rosskastaniengewächse, Hippocastanaceae). Ursprünglich war keine der beiden Baumarten in Mitteleuropa heimisch: Die aus Südeuropa und Kleinasien stammende Esskastanie wurde von den Römern über die Alpen gebracht, während die auf dem Balkan beheimatete Rosskastanie erst um 1600 als schmucker Parkbaum bei uns eingeführt wurde. Beide Arten weisen jedoch ähnliche Früchte auf: braunschalige Nüsse, die von einer stacheligen, grünen Hülle umgeben sind. So unterschied man die beiden anhand ihrer Verwendung. Die an Tiere verfütterte Kastanie wurde zur Rosskastanie; die vom Menschen verzehrte Esskastanie wurde auch Edelkastanie oder Marone genannt. Ein weiterer, vor allem in der Schweiz gebräuchlicher Name, bezieht sich auf den italienischen Namen der Nüsse: Maronibaum. Neben den sehr nahrhaften Nüssen liefert uns die Esskastanie einen vorzüglichen Honig. Während ihrer Blütezeit im Juni ist der Baum eine ertragreiche Bienenweide. Sortenreiner Kastanienhonig zeichnet sich durch eine relativ dunkle Farbe und einen kräftigen, würzig-aromatischen Geschmack aus – eine Delikatesse für Kenner. Das gegen Feuchtigkeit sehr beständige, harte Holz der Esskastanie wird noch heute gerne zur Herstellung von Fässern sowie für Zäune, Pergolen und Weinstöcke genutzt.

Wuchs und Aussehen Edelkastanien können zu imposanten Baumriesen heranwachsen; sie werden bis zu 30 m hoch. Auffallend ist ihr oft knorriger Wuchs. Dieser Eindruck wird bei alten Bäumen noch verstärkt – durch die dunkelbraune, von Rissen gezeichnete Rinde. Die Rinde junger Bäume dagegen ist silbrig und glatt, bevor sich die zunächst streng vertikal angeordneten Risse und eine dunklere Borke bilden. Die Risse verlaufen im Alter zunehmend spiralig um Stamm und Äste.
Die Blätter der Esskastanie sind bis zu 25 cm lang; sie haben eine lederartige, derbe Struktur. Auf der Oberseite sind sie glänzend, auf der Unterseite matt. Die Blätter sind wechselständig am Zweig angeordnet und länglich-lanzettlich geformt. Die Esskastanie blüht im Juni. Männliche und weibliche Blüten stehen gemeinsam an bis zu 20 cm langen Blütenständen, die besonders durch die männlichen, gelblich-weißen Blüten auffallen. Aus den unscheinbaren weiblichen Blüten am unteren Teil des Blütenstandes bilden sich bis zum September die kugeligen Stachelfrüchte: Sie enthalten jeweils ein bis drei, bauchig-rundliche Nüsse von ca. 2 cm Durchmesser. Diese werden von einem drei- bis vierlappigen Fruchtbecher, der mit sehr spitzen Stacheln bewehrt ist, bis zur Reifezeit beschützt.

***Typisch:** Der Rand der Kastanienblätter ist besonders auffällig gestaltet: Die Spitzen der Zähnung sind stachelartig verlängert, was ausgesprochen dekorativ wirkt. Daher werden sie auch gerne zur Tischdekoration bei herbstlichen Menüs verwendet.*

Vorkommen Nördlich der Alpen ist die wärmeliebende Esskastanie nur in den klimatisch begünstigten Gebieten Teil der heimischen Flora geworden. Dort, wo auch der Anbau von Wein möglich ist, etwa in Baden und der Pfalz, ist die Esskastanie in Hügelländern und am Fuße der Mittelgebirge häufig als Waldbaum anzutreffen. Bisweilen dominiert sie in diesen Gebieten sogar den Aufbau der Wälder. In den kühleren Klimaten außerhalb dieser Regionen wächst die Edelkastanie durchaus noch zu stattlichen Bäumen heran. Da die Früchte hier jedoch nicht jedes Jahr ausreifen können, ist die Konkurrenzkraft gegenüber anderen Baumarten stark geschwächt. Ohne die gezielte Förderung durch den Menschen würden die vereinzelten Vorkommen mit der Zeit verschwinden. Bei diesen wenigen Exemplaren handelt es sich oft um Relikte aus den Exotensammlungen des Adels, wie zum Beispiel in Wernigerode und Blankenburg am Nordfuß des Harzes.
Die Edelkastanie wurzelt tief und bevorzugt daher tiefgründige, mineralstoffreiche, aber kalkarme Verwitterungsböden in geschützten Hanglagen. Sie meidet staunasse Standorte in Talgründen und Ebenen. Aufgrund ihres im Alter knorrigen Wuchses, des schönen Blattwerks und des südländischen Flairs begegnet man der Edelkastanie neuerdings wieder häufiger als attraktivem Parkbaum.

Charakteristische Inhaltsstoffe und Heilwirkungen Esskastanien sind ein sehr wertvolles und vollwertiges Lebensmittel: Die Nüsse enthalten wenig Fett (1,9 %), aber außergewöhnlich viel Stärke (27 %) und Zucker (14 %), was das Backen mit Kastanienmehl ermöglicht. Zudem enthalten die Maronen 8,3 % Ballaststoffe und etwa 3 % Eiweiß sowie reichlich Vitamin C und die wichtigen Vitamine der B-Gruppe (B1, B2, B5, B6). In der Volksmedizin werden die Auszüge der Blätter bei Husten und Keuchhusten eingesetzt. Auch die Anwendung als Gurgelwasser bei Entzündungen im Mund- und Rachenraum ist bekannt. Schon *Hildegard von Bingen* empfahl den Verzehr der Früchte zur Behandlung von Magen-Darm-Erkrankungen.
Die Bachblütentherapie nach *Dr. Edward Bach* rät bei psychischer Überlastung und Verzweiflungszuständen zu „Sweet Chestnut" (das englische Wort für Esskastanie).

Sammeltipps

Geröstete oder gekochte Esskastanien haben ein angenehm süßlich-nussiges Aroma – und schmecken einfach köstlich! Beim Sammeln muss man jedoch etwas aufpassen: Die zahlreichen Stacheln der äußeren Fruchtbecher sind sehr spitz und können zu unangenehmen Verletzungen führen. Wer allerdings mit geschlossenem Schuhwerk den herbstlichen Kastanienwald betritt und feste Gartenhandschuhe dabei hat, ist richtig ausgerüstet. Viele der stacheligen Kugeln fallen mit leicht geöffnetem Schlitz zu Boden – mit den stabilen Gartenhandschuhen lassen sich die Früchte schnell herausholen. Sind die Früchte noch geschlossen, können Sie mit den Schuhen nachhelfen. Um einer Schimmelbildung vorzubeugen, sollten die Esskastanien in luftdurchlässigen Stoffbeuteln gesammelt werden. Für einen Wintervorrat die Nüsse an einem gut belüfteten, trockenen Ort auf Zeitungspapier locker ausbreiten. Etwa eine Woche trocknen lassen, bevor diese dann in flachen Steigen (wie zum Einkellern von Kartoffeln oder Äpfeln) an einem kühlen, trockenen, möglichst dunklen Ort eingelagert werden. Auf diese Weise lassen sich die Maronen das ganze Jahr über genießen!

Verwendete Pflanzenteile und Erntezeit Bei diesem Baum sind ausschließlich die Nüsse für den Sammler interessant. Die Saison beginnt Mitte September und dauert bis Mitte Oktober. Die Ende August/Anfang September schon herabfallenden Nüsse sind meistens wurmig oder „taub", während der Anteil kranker Früchte später in der Hauptsaison weitaus geringer ist.

Kastanien	Mitte September bis Mitte Oktober

Rezepte

Für alle im Folgenden beschriebenen Rezepte müssen die Kastanienfrüchte zunächst geschält werden. Dazu die Esskastanie eine Stunde in kaltes Wasser legen. Dann die Schale auf der runden Seite mit einem Küchenmesser kreuzförmig einritzen und die Früchte entweder auf einem ungefetteten Backblech im vorgeheizten Ofen bei 220 °C etwa 20 Minuten rösten. Die Kastanien etwas abkühlen lassen und sowohl die dicke Schale als auch die braune Haut darunter einfach entfernen. Wer möchte, kann die „heißen Maroni" natürlich jetzt schon verzehren. Man kennt sie vom winterlichen Straßenverkauf oder vom Weihnachtsmarkt. Oder die frischen Edelkastanien vor der Weiterverwendung blanchieren: Nach dem Einweichen ebenfalls die Schale wie oben beschrieben einritzen und dann in kochendem Wasser ca. vier Minuten köcheln lassen.

Rezept-Tipp: Geröstete Esskastanien sind auch eine leckere, vollwertige Beilage oder Füllung für Gänse, Enten und Puten sowie für Wildgerichte.

Kastaniengemüse

40 g Butter (alternativ: erhitzbares Pflanzenöl) · 500 g Esskastanien, geschält · 1 große Zwiebel, geschält und gewürfelt · 125 ml Gemüsebrühe · 125 ml Sahne/Rahm · Salz, Pfeffer · etwas Speisestärke bei Bedarf

Eine sehr einfache Gemüsebeilage, bei welcher der Eigengeschmack der Kastanien wunderbar zur Geltung kommt: Die Butter in einer Pfanne schmelzen und die vorbereiteten Edelkastanien (siehe oben) hinzufügen. Einige Minuten darin anbraten, dann die Zwiebelwürfel dazu geben und mit Gemüsebrühe und Sahne ablöschen. Salzen, pfeffern und auf kleiner Flamme weitere zehn Minuten köcheln lassen. Durch den Kochvorgang zerfallen einige der Kastanien – auf diese Weise wird die Sauce sämig. Falls dies nicht der Fall sein sollte, muss man nachhelfen: einfach etwas Stärkemehl in Wasser verquirlen und die Sauce damit andicken.

Rezept-Tipp: Noch klein geschnittene Möhren nach der Hälfte der Garzeit dazugeben.

Kastaniengemüse mit Möhren

Kastanien-Rosenkohl-Gemüse

1 kg Rosenkohl · 40 g Butter (alternativ: erhitzbares Pflanzenöl) · 2 große Zwiebeln, geschält · 600 g Esskastanien, geschält · ¼ l Gemüsebrühe · 6 EL Crème fraîche 1–2 Knoblauchzehen, geschält · Salz, weißer Pfeffer, Muskat

Den Rosenkohl putzen und unten am Stiel über Kreuz einschneiden, damit er gleichmäßig gart. Die Butter in einer Pfanne schmelzen und die klein gewürfelten Zwiebeln darin glasig werden lassen. Rosenkohl und Kastanien zugeben und unter Wenden anschwitzen. Mit Gemüsebrühe ablöschen, sodass die Röschen nicht anbrennen. Nach 10–15 Minuten ist der Rosenkohl fertig, je nach Größe. Jetzt die Crème fraîche dazugeben und mit gepresstem Knoblauch, Salz, weißem Pfeffer und Muskat abschmecken. Noch etwa fünf Minuten auf kleinster Flamme ziehen lassen.

Rezept-Tipp: Ein leckeres Hauptgericht! Das süßlich-nussige Aroma der Kastanien harmoniert sehr gut mit dem herzhaften und leicht bitteren Geschmack des Rosenkohls.
1 kg frische Esskastanien entsprechen etwa 850 g blanchierten und geschälten Maronen.

Pikantes Maronenpüree

500 g Esskastanien, geschält · ¼ l Gemüsebrühe · 100 ml Sahne/Rahm · Salz, Pfeffer, Muskat · 1 EL trockener Sherry

Die vorbereiteten Maronen (siehe oben) in Gemüsebrühe weich köcheln. Abgießen und die Brühe dabei auffangen. Die weichen Esskastanien mit einem Kartoffelstampfer zerkleinern oder mit einem Stabmixer pürieren. Nach und nach die Sahne und den abgegossenen Gemüsesud zugeben, bis die gewünschte Konsistenz erreicht ist. Zuletzt mit Salz, Pfeffer, Muskat und Sherry abschmecken. Eine feine Abwechslung zu Kartoffelpüree!

Castagnaccio – süßes Kastanienbrot aus Italien

50 g Rosinen · etwas heißes Wasser · 300 g Esskastanien, geschält · 1 EL Rohrohrzucker · etwas Salz · 4 EL Olivenöl · 1 TL Rosmarin, getrocknet oder frisch · etwa 150 ml Wasser · 50 g Pinien- oder Walnuss-/Baumnusskerne

Zunächst die Rosinen in heißem Wasser einweichen. Die vorbereiteten Kastanien (siehe oben) im Fleischwolf zu Mehl mahlen. Das Kastanienmehl mit Rohrohrzucker, Salz, Olivenöl und dem getrockneten oder frischen, fein gehackten Rosmarin vermengen. Die Rosinen in ein Sieb geben und abtropfen lassen. So viel Wasser in die Mehlmischung einrühren, bis ein dickflüssiger Teig entsteht. Den Backofen vorheizen. Die

Rosinen und die klein gehackten Pinien- oder Walnusskerne unter den Teig mischen, der maximal 2 cm dick in eine mit Backpapier ausgelegte Form gefüllt und mit etwas Olivenöl beträufelt wird. Das süße Brot etwa 45 Minuten bei 200 °C backen.

Vermicelli

500 g Maronen, geschält · ¼ l Milch · 50 g Honig oder 50 g Rohrohrzucker
2 EL Rum (37,5 Vol.-%) oder Cognac · 1 Vanillestange, Mark · ¼ l Sahne/Rahm
Schokoladensauce nach Geschmack

Die Maronen wie oben beschrieben schälen und rösten. In der Milch aufkochen und pürieren. Dabei flüssigen Honig oder Rohrohrzucker, Rum oder Cognac sowie die Vanille hinzufügen. Diese Masse kalt stellen. Die Sahne steif schlagen und auf vier Desserttellern mittig verteilen, dabei eventuell etwas Sahne für die Dekoration zur Seite stellen. Jetzt die kalte Maronimasse mithilfe einer Spätzle- oder Kartoffelpresse auf der Sahne verteilen. Je nach Geschmack mit Sahnetupfern und/oder Schokoladensauce verzieren. Dieses köstliche Dessert stammt aus dem Tessin.

Rezept-Tipp: Kalorienbewusste Varianten sind Vermicelli auf Naturjoghurt, Quark oder Birnenhälften – auch sehr zu empfehlen!

Kastanienchutney

4 große, rote Zwiebeln, geschält · 1 Fenchelknolle · 3 EL Olivenöl · 250 g Esskastanien, geschält · 60 g Rohrohrzucker · 100 ml Sherry · 100 ml natürlicher Apfelessig
Salz, Pfeffer

Zwiebeln klein schneiden und mit dem klein gewürfelten Fenchel in Olivenöl etwas andünsten, bis das Gemüse glasig wird. Die vorbereiteten Kastanien (siehe oben) in mundgerechte, etwa gleich große Stücke schneiden und zusammen mit Rohrohrzucker, Sherry, Apfelessig, Salz und reichlich Pfeffer unterrühren. Auf kleiner Flamme köcheln lassen, bis das Chutney eingedickt ist. Sofort in sterile Schraubdeckelgläser abgefüllt und an einem kühlen und dunklen Ort gelagert, kann das Chutney etwa ein halbes Jahr aufbewahrt werden.

Rezept-Tipp: Dieses aromatische Chutney passt sehr gut zu Reisgerichten.

Fichte

Picea abies

Porträt

Die Verbreitung und die Häufigkeit der Fichte spiegeln die jüngere Geschichte unserer Wälder und deren Bewirtschaftung wieder: Heute ist die Fichte, die zur Familie der Pinaceae (Kieferngewächse) gehört, in Mitteleuropa die häufigste Waldbaumart. Das war nicht immer so: Von Natur aus käme sie nur in den Kammlagen der Mittelgebirge, oberhalb von 800 m Höhe vor. In den Alpen steigt sie bis zur Waldgrenze (etwa 1800 m Höhe) hinauf. In diesen Höhenlagen ist die Fichte die Leitbaumart und hier kann es – je nach örtlichen Gegebenheiten – auch zur Ausbildung natürlicher Reinbestände kommen.

Während der Barock- und Rokokozeit entstanden die meisten Häuser in Fachwerkbauweise. Das Material Holz und die daraus hergestellte Holzkohle waren der einzig verfügbare Energieträger für die Vorläufer der modernen Industrie wie Glashütten, Bergbau und Erzverhüttung. Aus diesen Gründen wurde Mitteleuropa fast vollständig entwaldet. Erst mit dem Erlass der weltweit ersten Forstgesetze und der Einführung der sogenannten nachhaltigen Forstwirtschaft im 18. Jahrhundert konnten sich die Wälder bis in das 19. Jahrhundert hinein wieder erholen. Bei der Aufforstung der kahlen Flächen wurde damals die Fichte bevorzugt – so wie zuletzt auch nach den Kahlschlägen für Reparationsleistungen nach dem Zweiten Weltkrieg. Neben der Schnellwüchsigkeit bot der Baum weitere Vorteile: Die langen und geraden Stämme sind leichter zu bearbeiten und zu transportieren als die stark verzweigten und individueller geformten Stämme der Laubbäume. Diese aus der Notsituation heraus entstandene Bevorzugung der Fichte wurde in Folge einer rein an wirtschaftlichen

Interessen orientierten Forstpolitik bis in die 1980er-Jahre hinein fortgesetzt: Weitere Flächen wurden in standortfremde Fichtenmonokulturen umgewandelt. Erst die zunehmende Versauerung der Waldböden durch die Fichtennadelstreu sowie katastrophale Sturmschäden und Borkenkäferplagen in den geschwächten, nicht standortgerechten Fichtenplantagen bewirkten ein Umdenken in der Forstwirtschaft: Seit den 1980er-Jahren werden wieder vermehrt Laub- und Mischwälder aufgeforstet – mit einer Artenzusammensetzung, die zu den ökologischen Gegebenheiten passt. Aufgrund der neuen, auch an ökologischer Nachhaltigkeit orientierten Forstpolitik, ist der Anteil der Fichten langsam im Sinken begriffen und beträgt aktuell 28 %. Die Buche ist die von Natur aus häufigste Waldbaumart in Mitteleuropa; sie hat einen aktuellen Anteil von 15 % des Baumbestandes. Dem ist die Fichte immer noch weit voraus. Der naturgegebene Anteil der Fichten läge schätzungsweise bei nur etwa 5 %.
Wird diese Forstpolitik in den nächsten 80 Jahren konsequent verfolgt, so haben unsere Nachfahren wieder die Möglichkeit, flächendeckend naturnahe Wälder zu erleben.

Da die Fichte auf absehbare Zeit noch die häufigste Baumart unserer Wälder ist, wird sie hier als Vertreterin der Gruppe der Nadelgehölze ausführlich vorgestellt. Andere essbare Pflanzenteile der Nadelbäume sind in unseren mitteleuropäischen Wäldern im Vergleich zur Fichte seltener anzutreffen, können aber in derselben, hier für die Fichte beschriebenen Art und Weise genutzt werden! In den nachfolgenden Rezepten wird jeweils darauf hingewiesen, welche anderen Nadelbäume sich ebenfalls zur Verarbeitung eignen (siehe Seite 44 ff).

Diese Arten sind für uns Sammler interessant – sie gehören alle, wie auch die Fichte, der Familie der Kieferngewächse an und sind eine ergiebige Bienenweide, aus welcher der dunkle, besonders würzige Waldhonig gewonnen wird:

Die **Waldkiefer** (*Pinus sylvestris*), auch Föhre genannt, wächst sehr gerne auf sandigen Böden wie zum Beispiel im Oberrheingraben, in Brandenburg oder der Lüneburger Heide. Typisch sind die orangefarbene Rinde im oberen Stammbereich älterer Bäume und die silbergrau-grüne Farbe der Nadeln.
Die Nadeln der **Schwarzkiefer** (*Pinus nigra*) sind gegenüber denen der Waldkiefer viel länger, stehen dichter und sind tief-dunkelgrün. Die Schwarzkiefer stammt ursprünglich aus dem südlichen Österreich und wurde durch Aufforstungen bis nach Nordeuropa verbreitet. Die Schwarzkiefer ist auch als Garten- und Parkbaum beliebt; besonders alte Exemplare sehen sehr ansprechend aus.
Die **Weißtanne** (*Abies alba*) ist nach ihrer hellgrauen Rinde und den beiden weißen Streifen auf der Unterseite der Nadeln benannt. Wie für Tannen typisch, stehen auch

bei der Weißtanne die Zapfen aufrecht auf den Ästen. Die Weißtanne liebt atlantisch geprägtes, eher feuchtes Klima und kommt von Natur aus in den Pyrenäen und den mitteleuropäischen Mittelgebirgen vor. Die Nordgrenze ihres Verbreitungsgebietes ist das Erzgebirge und der Thüringer Wald; besonders häufig ist sie im Schwarzwald anzutreffen.
Die **Douglasie** (*Pseudotsuga menziesii*) stammt von der Pazifikküste Nordamerikas und wurde im 19. Jahrhundert in Europa eingebürgert. Sie wird oft gepflanzt – in Wäldern, Gärten und Parks. Die Nadeln sind weicher als die der Fichte und verströmen nach dem Zerreiben einen angenehmen, süßlich-fruchtigen Duft, der an Orangen erinnert.

Fichte

Die **Lärche** (*Larix decidua*) kommt von Natur aus in den Hochlagen der Alpen und der Hohen Tatra vor. Aufgrund ihres sehr wertvollen Holzes und der besonders in der Jugend eindrucksvollen Schnellwüchsigkeit wird sie auch im Flachland gerne forstlich genutzt. Der zarte Frühjahrsaustrieb und die prachtvolle Herbstfärbung des winterkahlen Nadelbaums machen die Lärche auch als Parkbaum attraktiv.
Die **Zirbelkiefer** (*Pinus cembra*), auch einfach Zirbe oder Arve genannt, ist in Europa ebenfalls ein Baum des Hochgebirges. Diese Art steigt in den Zentralalpen bis auf 2200 m hinauf und bildet dort, oft zusammen mit der Lärche, die Waldgrenze. Die im rauen Klima des Hochgebirges nur langsam wachsenden Bäume liefern ein wertvolles Holz, das im Alpenraum besonders für den dekorativen Innenausbau genutzt wird. Die Zirbelkiefer ist in den Alpen relativ selten geworden und steht unter Schutz. Viele Tausend Kilometer von ihrem isolierten Areal in den Alpen entfernt, wächst die Zirbelkiefer in Sibirien häufig als Waldbaum, auch im Flachland. Hier liegt ihr Hauptverbreitungsgebiet.

Auf eine giftige Ausnahme im Bereich der Nadelgehölze soll an dieser Stelle hingewiesen werden: die **Eibe** (*Taxus baccata*). Fast alle Pflanzenteile der Eibe sind stark giftig! Lediglich das rote, den giftigen Samen umhüllende Fruchtfleisch ist essbar.
Die Übernutzung der Bestände führte fast zum Aussterben der Art. Wilde Eiben sind heute noch immer sehr selten und stehen unter strengem Schutz. In Gärten, Parks und Friedhöfen dagegen findet man die Eibe häufig als Heckenpflanze, Busch oder niedrigen Baum.
Die Eibe wird manchmal mit der Douglasie oder der Fichte verwechselt. Die flachen Nadeln der Eibe sind stark zugespitzt und stehen zweizeilig vom Ast ab. Sowohl die Ober- als auch die Unterseite der Nadeln sind gleichmäßig dunkelgrün. Anhand dieser Merkmale lässt sich die Eibe eindeutig von der Fichte (Nadeln fast vierkantig, stehen in alle Richtungen vom Ast ab) und auch von der Douglasie (Nadeln eher stumpf, nicht spitz, an der Unterseite zwei weiße Wachsstreifen, beim Zerreiben süßlicher Orangenduft) unterscheiden.

Wuchs und Aussehen Die Wuchsform der Fichte ist streng strukturiert und lockert sich erst im Alter etwas auf. Vom durchgehend geraden Stamm zweigen relativ dünne Äste ab: in der Jugend aufrecht, später waagerecht, im Alter nach unten hängend – sodass sich eine kegelförmig spitze Baumkrone bildet. Die Fichte kann bis zu 50 m hoch werden und fußt auf einem flachen Wurzelteller. Ihre Rinde ist rotbraun bis braungrau und führte zu Namensgebungen wie „Rotfichte" oder „Rottanne". Die Nadeln sind mit verholzenden Stielchen an den Zweigen befestigt. Fallen die Nadeln ab, bilden diese Stielchen eine raue, raspelartige Oberfläche auf den Zweigen. Die ca. 15 cm langen Zapfen bilden sich ab einem Alter von ungefähr 30 Jahren. Sie hängen von den Zweigen herunter und bergen die vielen geflügelten Samen.

***Typisch:** Fichtennadeln sind 1–2 cm lang, stechend spitz, im Querschnitt fast vierkantig und stehen allseitig vom Ast ab.*

Vorkommen Als ausgesprochener Flachwurzler ist die Fichte an die flachgründigen Böden in Mittel- und Hochgebirgslagen bestens angepasst. Mit ihren flachen Wurzeln ist die Fichte auf ein Klima mit ausreichenden Niederschlägen angewiesen. Das natürliche Areal der Fichte ist sehr groß: Es erstreckt sich von den Mittel- und Hochgebirgslagen in Mitteleuropa (ab 800 m bis zur Baumgrenze) bis nach Skandinavien und in die weiten Ebenen des russischen Nordens. Da die Fichte gegenüber dem pH-Wert ihres Standorts sehr tolerant ist, konnte sie auch außerhalb ihres Ursprungsgebietes weit verbreitet werden.

Charakteristische Inhaltsstoffe und Heilwirkungen Die jungen Triebe der Fichte enthalten Vitamin C, Zucker und Gerbstoffe, aber noch relativ wenig ätherisches Öl. Ausgereifte Nadeln besitzen dagegen viel ätherisches Öl, Bitter- und Gerbstoffe sowie Harze. Der Ölgehalt der Fichtensamen beträgt ganze 35 %! Zum Vergleich hier die Ölgehalte der Samen von den anderen, oben genannten Nadelbäumen: Wald- und Schwarzkiefer 25–30 %, Lärche etwa 10 %, Weißtanne etwa 25 % und Zirbelkiefer etwa 55 %. Für Heilanwendungen ist der hohe Gehalt an ätherischem Öl in den Fichtennadeln von Bedeutung: Pur dient es äußerlich als Einreibung oder Badezusatz bei Atemwegserkrankungen. Da das Öl auch die Durchblutung fördert, wird es zudem bei Muskelverspannungen und Rheuma eingesetzt. Der Genuss des unten beschriebenen Fichtenspitzen-Sirups hilft innerlich bei Heiserkeit und Erkältungen. Das ätherische Öl der Kiefern, besonders das der Latschenkiefer aus den Alpen, wird ähnlich wie das Fichtenöl angewandt.

Kiefer

Die Bachblütentherapie nach *Dr. Edward Bach* setzt die Lärche bei Menschen ein, die sich anderen gegenüber ständig unterlegen fühlen und sich selbst begrenzen. Zur Stärkung des Selbstvertrauens und zur realistischen Einschätzung des eigenen Könnens und das der anderen findet „Larch" Verwendung. Die Kiefer – „Pine" – hingegen ist nach *Dr. Edward Bach* angezeigt bei übermäßigem Schuldbewusstein und Selbstvorwürfen, welche die Menschen ermüden, erschöpfen und ihnen die Lebensfreude nehmen. Sogar Fehler anderer werden in ein Gefühl der eigenen Schuld umgewandelt
Hildegard von Bingen bereitete eine Lärchensalbe zu, die sie äußerlich bei Rheuma und Gicht, bei Erkältungserkrankungen, Infektionen der Haut sowie zur Wundheilung und bei Durchblutungsstörungen empfahl. Die Lärchennadeln nutzte sie auch für Bäder, ähnlich wie es auch Kiefern- und Fichtennadelbäder gibt.

Sammeltipps

Für das Sammeln der jungen Fichtenspitzen muss der richtige Zeitpunkt abgepasst werden: Sobald der Baum die zarten, braunen Knospenhüllen abwirft, ist es so weit! Dieser Zeitpunkt hängt von den klimatischen Verhältnissen ab und kann sich auch zwischen den einzelnen Bäumen um einige Tage oder auch Wochen unterscheiden. Da ältere und dunkelgrüne Triebe schnell einen bitteren und etwas harzig-terpentinartigen Geschmack annehmen, sollten Sie die Fichte Ihrer Wahl genau im Blick haben, um möglichst junge Triebe zu ernten. Bei der Ernte der Nadeln kann man sich mehr Zeit lassen: diese sind im Hochsommer ausgereift und werden zu dieser Zeit geerntet.
Wer Fichtensamenöl als Speiseöl pressen möchte, benötigt dazu größere Mengen der geflügelten Samen. Am besten ist es, nach einem Herbststurm einen Bestand alter Fichten aufzusuchen, um die beim Sturm heruntergefallenen Zapfen aufzusammeln. Zu Hause angekommen, breitet man diese in einem warmen Heizungskeller, vor einem Ofen oder auf der Heizung aus und wartet, bis sich die Zapfen öffnen. Um Harzflecken zu vermeiden, sollten Sie dazu eine schützende Unterlage verwenden. Die aufgegangenen Fichtenzapfen schlägt man dann aus, sodass die geflügelten Samen herausfallen. Durch das Rebeln der Samen und das anschließende Ausblasen des Erntegutes können Sie dann die Flügel entfernen und erhalten auf diese Weise eine reine Ölsaat. Dieser Arbeitsprozess ist aufwendig und benötigt etwas Zeit.

Verwendete Pflanzenteile und Erntezeit

junge Fichtenspitzen	Mai
Fichtennadeln	Juli bis August
Samen	Herbst

Rezepte

Nadelbaumsamen als Pinienkern-Ersatz Die Samen aller oben genannten Nadelbäume (siehe Seite 39 ff) sind eine würzig-aromatische und energiereiche Nascherei. Man befreit die Samen zunächst aus den Zapfen und entfernt dann die Flügel. Jetzt können die Nadelbaumsamen so wie ihre größeren Verwandten, die Piniensamen, vielfältig in der Küche verwendet werden! Man kann sie roh oder geröstet vernaschen und sie eignen sich als Beigabe in Salaten, Pesto und anderen Saucen. Lecker sind sie auch in Gemüsefüllungen und Bratlingen.

Kartoffelsalat mit Fichtenspitzen

1 kg Kartoffeln · 100 g Salatgurke (ca. ½ mittelgroße Gurke) · 4 Gewürzgurken 100 g sehr junge Fichtenspitzen · 1 Zwiebel, geschält · ½ Zitrone, Saft · 1 TL Senf 100 g Schmand · 2–3 EL Olivenöl · ¼ l Gemüsebrühe · Salz, Pfeffer, Rohrohrzucker

Am Vortag die Kartoffeln dämpfen, schälen und in Scheiben schneiden. Die Salatgurke in dünne Scheiben hobeln und zu den Kartoffeln geben. Die Gewürzgurken zunächst längs vierteln, dann in kleine Würfel schneiden und hinzufügen. Die Nadeln der Fichtenspitzen abzupfen und ähnlich wie frischen Dill in kleine Stückchen schneiden. Zusammen mit der klein gewürfelten Zwiebel unter die Kartoffeln heben. Aus den restlichen Zutaten ein Dressing herstellen und mit dem Salat vermischen. Den Salat zugedeckt über Nacht im Kühlschrank ziehen lassen. Am nächsten Tag bei Bedarf etwas nachwürzen und rechtzeitig (ein bis zwei Stunden) vor dem Verzehr aus dem Kühlschrank nehmen, sodass sich das würzige Aroma bei Zimmertemperatur voll entfalten kann.

Rezept-Tipp: *Das Rezept schmeckt auch mit Weißtanne, Douglasie und Lärche.*

Fichtengemüse indische Art

200 g junge Fichtenspitzen · 2 große Möhren, geschält und gewürfelt · Öl zum Braten · etwa 50 g frisches Kokosnussfleisch · ⅛ l Milch oder Sahne/Rahm (auch Soja-, Reis- oder Kokosmilch; alternativ: Kokoswasser) · ½ TL Rohrohrzucker · Salz, Pfeffer, Kreuzkümmel, Currypulver, Bockshornklee, Cayennepfeffer

Die klein geschnittenen Fichtenspitzen und die Möhrenwürfel kurz in Öl andünsten. Das Kokosnussfleisch mithilfe eines Gurkenhobels in das Gemüse raspeln. Mit etwas Milch ablöschen und auf kleiner Flamme etwa 15 Minuten zugedeckt köcheln lassen.

Das Gemüse dabei öfter umrühren und bei Bedarf immer wieder kleine Mengen an Flüssigkeit nachgießen. Mit den Gewürzen abschmecken. Diese Beilage passt ideal zu indischem Basmati-Reis.

Rezept-Tipp: Die Zugabe der Milch dämpft den etwas bitteren Geschmack der Fichtenspitzen. Wer das bittere Aroma mag, kann auch alternativ das frische Kokoswasser der Kokosnuss verwenden. Das Rezept schmeckt auch mit Weißtanne, Douglasie und Lärche.
***Sehr gut passt dazu auch ein Püree aus Süßkartoffeln:** Dazu 1 kg Süßkartoffeln, schälen und klein würfeln. Die Würfel mit ausreichend Wasser (ca. 2 cm über den Würfeln) in einem Topf aufsetzen und zehn Minuten kochen. Dann mit dem Kartoffelstampfer zerdrücken oder durch die Flotte Lotte geben. Mit Salz, Pfeffer und Muskat abschmecken und mit 40 ml Sahne/Rahm verfeinern.*

Fichtensirup • für ca. 1,3 l Sirup

4 Handvoll junge Fichtenspitzen · 1 l reines Wasser · 500 g Rohrohrzucker
2 EL Zitronensaft · 2 EL Pektin oder Speisestärke, in wenig Wasser glatt gerührt

Die Fichtenspitzen im Wasser abgedeckt kurz aufkochen lassen – bis die Spitzen ihre Farbe verloren haben. Dann über Nacht zugedeckt ziehen lassen. Am nächsten Tag durch ein Tuch filtern, dieses zuletzt gut auspressen. Auf diese Weise erhält man 1 l Fichtenwasser, das jetzt mit Rohrohrzucker, Zitronensaft und Pektin erhitzt wird. Unter ständigem Rühren zu einem Sirup einkochen, bis die gewünschte, dickflüssige Konsistenz erreicht ist. Währenddessen Schraubdeckelgläser im Backofen sterilisieren. Den fertigen, heißen Sirup in die heißen Gläser füllen.
Mit weißem Zucker zubereitet, wird der Fichtensirup hellbraun. Mit Rohrohrzucker bekommt er eine dunkle, goldbraune Farbe und schmeckt ähnlich würzig wie Waldhonig! Er eignet sich gut als Brotaufstrich sowie zum Süßen und Aromatisieren von Joghurt, Quarkspeisen, Tee und Salatsaucen.

Rezept-Tipp: Das Rezept schmeckt auch mit Waldkiefer, Schwarzkiefer, Zirbelkiefer, Weißtanne, Douglasie und Lärche.
*Als **Gelierhilfe** kann auch Agar-Agar oder Johannisbrotkernmehl verwendet werden (Zubereitung und Mengen bitte dem Packungsbeschrieb entnehmen).*

Fichtengemüse mit Süßkartoffelpüree (Rezept Seite 44f)

Fichtengelee • für ca. 1,2 kg Gelee
900 ml Fichtenwasser • 500 g Gelierzucker (1:3)

Das oben beschriebene Fichtenwasser (siehe Fichtensirup) lässt sich auch zu einem Gelee verarbeiten. Dabei kann die Menge des Gelierzuckers je nach Produkt etwas unterschiedlich sein (siehe Packungsbeschreibung). Zunächst werden die Schraubdeckelgläser vorbereitet: Gründlich spülen und im Backofen bei 150–200 °C sterilisieren. Das Fichtenwasser mit dem Gelierzucker vermischen und zum Kochen bringen, dabei rühren. Dann mindestens drei Minuten bei starker Hitze und unter ständigem Rühren kochen lassen. Jetzt die heiße Masse schnell in die heißen Gläser füllen und verschließen. Die Gläser zunächst einige Minuten auf den Kopf stellen, dann normal stehend erkalten lassen. Das Gelee ist bei kühler Lagerung ein Jahr haltbar.

Rezept-Tipp: Am besten eine Gelierprobe machen: Dazu einfach etwas Gelee auf eine kühle Untertasse geben. Wird es fest, ist das Gelee fertig! Das Rezept schmeckt auch mit Waldkiefer, Schwarzkiefer, Zirbelkiefer, Weißtanne, Douglasie und Lärche.

Fichtenöl Die Aufbereitung der Fichtensamen als Ölsaat bedeutet Fleißarbeit: Zapfen sammeln, trocknen, ausklopfen, Samen rebeln und ausblasen. Der Ölgehalt der Samen ist mit 35 % zwar sehr hoch – doch die Gewinnung von etwa 4 kg reinen Fichtensamen, die in einer mechanisch betriebenen Ölpresse zur Herstellung von 1 l Öl nötig sind, erfordert viel Zeit. Dies trifft auch auf die Samenöle anderer Nadelbäume zu (siehe Rezept-Tipp). Aus praktischen Gründen sollte daher im Vorfeld geprüft werden, ob nicht andere, leichter verfügbare Ölquellen aus dem Wald – wie Bucheckern, Linden-Nüsschen oder Walnüsse – zur Verfügung stehen.

Rezept-Tipp: Das Öl schmeckt auch mit Wald-, Schwarz-, Zirbelkiefer und Weißtanne.

Fichtennadeln als Gewürz Die im Hochsommer ausgereiften Nadeln werden nach der Ernte an einem schattigen Ort oder in einem Dörrapparat möglichst rasch getrocknet und anschließend fein gemahlen, beispielsweise in einer Kaffeemühle. Das Nadelgewürz in ein sauberes und trockenes Schraubdeckelglas abfüllen und an einem dunklen Ort aufbewahren. Es schmeckt sehr aromatisch und wird daher sparsam dosiert. Es gibt Wild- und Bratengerichten, dunklen Saucen und Pilzgemüse eine würzig-pikante Note!

Rezept-Tipp: Das Rezept schmeckt auch mit Waldkiefer, Schwarzkiefer, Zirbelkiefer, Weißtanne und Douglasie.

Robinie

Robinia pseudoacacia

Porträt

Die Robinie ist ein Schmetterlingsblütengewächs und gehört damit zur Familie der Fabaceae. Wie es für diese Pflanzenfamilie typisch ist, so lebt auch die Robinie in einer Symbiose mit Knöllchenbakterien: In den kleinen Wurzelverdickungen des Baumes existieren Bakterien, die fähig dazu sind, Luftstickstoff zu binden. Dank dieser Helfer ist die Robinie in der glücklichen Lage, sich selbst düngen zu können. Aus diesem Grund kommt sie auch – trotz ihrer Bevorzugung von nährstoffreichen Böden – mit armen Sandböden bestens zurecht.

Die Robinie kam zu Beginn des 17. Jahrhunderts aus Nordamerika zu uns. Aufgrund ihrer anmutigen Wuchsform, der interessanten Fiederblätter und natürlich der schmucken und herrlich duftenden Blütenpracht war die Robinie sehr beliebt; zunächst als exotisches Ziergehölz in den Lustgärten und Parks des Adels. Erst im Lauf der Zeit wurde man auch auf die praktischen Vorteile der „Scheinakazie", so ein anderer Name, aufmerksam: Sie liefert ein sehr festes, dauerhaftes und feuchtigkeitsbeständiges Holz. Daraus lassen sich beispielsweise langlebige Zaunpfähle und Gartenmöbel bestens fertigen. Auch als Gruben-, Schwellen- und Bauholz ist die Robinie sehr geeignet. Die prachtvoll blühenden Bäume sind zudem eine üppige Bienenweide von hoher Qualität: Der sogenannte Akazienhonig zeichnet sich durch eine leuchtend hellgelbe Farbe und einzigartige Aromen aus.

Wuchs und Aussehen Die Robinie erreicht Höhen von 10–25 m. Als frei stehender Baum entwickelt sie im Alter eine schirmförmige Krone. Auffallend sind die groben Risse in der Borke erwachsener Bäume, die ein netzartiges Muster ergeben. Die Fiederblätter stehen im Wechsel am Zweig und setzen sich aus bis zu 19 eiförmigen, glattrandigen Teilblättern zusammen. Sie werden bis zu 30 cm lang und sind mit zwei Dornen am Ansatz des Blattstiels bewehrt. Die Dornen wachsen im Lauf des Sommers heran und verbleiben auch nach dem herbstlichen Blattfall noch für mehrere Jahre am Zweig. Die Blüten erscheinen in oft bogenförmig hängenden Trauben und sind in der Regel reinweiß, können aber auch leicht rosa gefärbt sein. Die einzelnen Blüten sind bis zu 2 cm lang und strömen einen betörenden, süßlichen Duft aus. Direkt im Anschluss an die Blüte entwickeln sich schlanke Hülsenfrüchte, die zunächst jungen grünen Zuckererbsen (Kaiserschoten) ähnlich sehen. Später werden sie jedoch hartschalig, dunkelbraun und bis zu 10 cm lang; oft bleiben sie noch über ein Jahr am Baum hängen. Robinien vermehren sich nicht nur durch Samen, sondern auch vegetativ durch die Wurzelbrut. In Gruppen stehende Bäume können deswegen alle aus einer Mutterpflanze hervorgegangen und genetisch identisch sein. Die starke Wurzelbildung wird auch zur Befestigung von abrutschgefährdeten Hängen und Böschungen genutzt.

***Typisch:** Die prachtvollen Blüten der Robinie hängen traubenartig an den jungen Zweigen. Ihre Farbe ist reinweiß bis rosafarben; der Duft erinnert an Bergamotte und Jasmin.*

Vorkommen Robinien bevorzugen eher warme und trockene Standorte mit einem lockeren, sandigen bis leicht lehmigen Boden. Entlang von Bahndämmen, auf alten Brachflächen und Straßenböschungen, an Waldrändern und als Feldgehölz findet man sie meist in Gruppen, selten als Einzelbaum. Innerhalb eines geschlossenen Waldbestandes ist die Robinie wegen ihrer geringen Wuchshöhe sehr selten. Eine Ausnahme bilden Mischbestände aus locker stehenden Föhren; sie überragen die Robinien zwar an Höhe, lassen aber dennoch genügend Licht für sie durch. Besonders auf nährstoffarmen, eiszeitlichen Sandböden wie in Teilgebieten der Oberrheinebene, des Alpenvorlandes, der Lüneburger Heide oder in Brandenburg sind solche Waldgesellschaften zu finden. Die Schönheit und der Duft der Blüte sowie die große Toleranz der Robinie gegenüber einem trockenen Stadtklima macht sie weiterhin zu einem beliebten Park- und Alleebaum.

Charakteristische Inhaltsstoffe und Heilwirkungen Die Blüten der Robinie enthalten stark duftendes ätherisches Öl, Glykoside, Flavonoide und Gerbstoffe. Beim Genuss der „Scheinakazie" gibt es Folgendes zu beachten: Alle grünen

Pflanzenteile, Wurzeln, Samen und Rinde der Robinie enthalten Giftstoffe (nicht jedoch die Blüten). Diese Giftstoffe, sogenannte Lektine sind beispielsweise auch in Gartenbohnen enthalten, die ebenfalls in rohem Zustand giftig sind und zu Übelkeit führen können. Auf den rohen Verzehr der jungen Schoten sollte daher verzichtet werden! Da Lektine jedoch wasserlöslich sind und ihre Wirksamkeit durch die Einwirkung von Hitze über 100 °C stark vermindert wird, steht dem Genuss zubereiteter junger Schoten nichts im Wege. Die Robinie ist keine Heilpflanze. Allerdings wird die Rinde junger Zweige in der Homöopathie bei Migräne, Gesichtsneuralgien sowie bei einem Übermaß an Magensäure eingesetzt.

Sammeltipps

Je nach Standortklima und Witterungsverlauf des jeweiligen Jahres blühen Robinien im Zeitraum von Ende Mai bis Ende Juni. Wie bei den Blüten der Sommerlinde ist es auch hier ratsam, möglichst frisch aufgeblühte Blüten zu sammeln! Diese weisen einen höheren Gehalt an dem stark duftenden ätherischen Öl auf. Da die Blüte an den einzelnen Trauben Stück für Stück von oben nach unten fortschreitet, stehen stets frische Blüten zu Verfügung. Unmittelbar nach dem Verblühen zeigen sich schon die jungen Schoten, die Sie bis etwa vier Wochen nach der Blüte, also in der Regel bis Ende Juli, genießen können. Mit fortschreitender Entwicklung der Schoten nehmen die Faserstoffe zu und mindern das Geschmackserlebnis.

Bitte achten Sie beim Sammeln der Blüten und Schoten auf die Dornenpaare an den Zweigen! Diese sind etwa 1 cm lang und können zu kleinen, aber unnötigen Verletzungen führen. Die Benutzung von Gartenhandschuhen, vor allem aber der bedächtige und ruhige Umgang mit der Pflanze schützt Sie.

Verwendete Pflanzenteile und Erntezeit

Blütentrauben	Ende Mai bis Ende Juni
junge, grüne Schoten	bis etwa vier Wochen nach der Blüte

Rezepte

Ausgebackene Blütentrauben

2 Eier · 200 g Dinkelmehl (Type 1050) · ca. 200 ml Wasser · 40 ml Sahne/Rahm 1 Prise Salz · 2 TL Rohrohrzucker · 8 Robinienblütendolden · Pflanzenfett zum Ausbacken · etwas Puderzucker

Aus Eiern, Mehl, Wasser, Sahne, Salz und Rohrohrzucker einen zähflüssigen Pfannkuchenteig herstellen. Die ausgeschüttelten (nicht gewaschenen) Blütendolden nacheinander in den Teig tauchen, dabei den überschüssigen Teig abtropfen lassen. Die Dolden entweder in einer Fritteuse oder in einer Pfanne mit heißem Fett ausbacken, bis der Teig goldbraun wird. Dann die frittierten Blüten mit einer Grill- oder Spaghettizange aus dem heißen Fett nehmen und auf einem Küchenpapier abtropfen lassen. Nach Belieben mit Puderzucker bestreuen und warm servieren.

Rezept-Tipp: Die stark duftenden Robinienblüten eignen sich hervorragend als frühsommerliche Beigabe zu Salaten und zur stilvollen Dekoration von allerlei Gerichten. Neben dem schönen Aussehen ist der süßliche Duft und Geschmack ein Erlebnis für die Sinne!

Robinienschoten-Gemüse

500 g junge Schotenfrüchte · ½ l reines Wasser · 1 Zwiebel, geschält · etwas Olivenöl · 100 ml Gemüsebrühe · ½ TL Rohrohrzucker · Salz, schwarzer Pfeffer Sojasauce · 2 Knoblauchzehen, geschält

Junge, grüne Schotenfrüchte der Robinie sehen Zuckererbsen nicht nur ähnlich, sie schmecken auch vergleichbar! Allerdings sollten sie nicht roh verzehrt, sondern zunächst etwa eine Stunde in reinem Wasser eingelegt werden (siehe oben). Das Wasser danach wegschütten. Die klein gewürfelte Zwiebel in einer Pfanne mit etwas Olivenöl glasig dünsten und die Schoten zugeben. Das Gemüse immer wieder wenden und nach zwei bis drei Minuten mit der Gemüsebrühe ablöschen. Mit Rohrohrzucker, Salz, Pfeffer, Sojasauce und dem klein geschnittenen Knoblauch abschmecken. Zugedeckt bei kleiner Flamme noch etwa zehn Minuten köcheln lassen. Die genaue Garzeit hängt vom Alter der Schoten ab – zwischendurch probieren, ob sie schon weich sind.

Wässriger Robinienblüten-Auszug (Grundrezept) • für 1 l Auszug:
3 Handvoll Robinienblüten, abgezupft • 1 l reines Wasser

Dieser Auszug ist die Basis der nachfolgenden Rezepte: Dazu die einzelnen Robinienblüten in das Wasser geben. In einem Topf mit geschlossenem Deckel kurz aufkochen lassen. Vom Herd nehmen und über Nacht ziehen lassen. Am nächsten Tag das Robinienwasser durch ein gebrühtes Baumwolltuch oder ein feines Sieb filtern und z.B. in Flaschen abgießen.

Robinien-Limonade Den Robinienblüten-Auszug (siehe oben) nach Belieben süßen, zum Beispiel mit dem Dicksaft von Äpfeln, Birnen oder Agaven. Kleine, auf den Rand eines gefüllten Glases gesteckte Blütentrauben machen die Robinien-Limonade zum attraktiven Partygetränk!

Erdbeeren mit Robinienblüten
500 g Erdbeeren • ½ Zitrone, Saft • 1 Pck Vanillezucker • 2 Robinienblütendolden

Robinien blühen zur Erdbeerzeit. Da der süßlich-duftige Blütengeschmack hervorragend zu den fruchtig-säuerlichen Erdbeeren passt, ergeben sie zusammen ein wunderbares Dessert! Dazu die Erdbeeren waschen, das Grün entfernen und die Beeren je nach Größe halbieren oder vierteln. Früchte in Zitronensaft und Vanillezucker für etwa 15 Minuten marinieren. Die Robinienblütendolden nicht waschen, sondern nur etwas ausschütteln. Die einzelnen Blüten abzupfen und über die fertig portionierten Erdbeeren streuen.

Robinienblüten-Pudding
400 ml kalter Robinienblüten-Auszug (siehe oben) • 40 g Maisstärke • 2 schwach gehäufte EL Rohrohrzucker • 1 Pck Vanillezucker • 100 ml Sahne/Rahm • Robinienblüten zur Dekoration

Von dem Robinienblüten-Auszug 6 EL abnehmen und mit Maisstärke, Rohrohrzucker und Vanillezucker glatt rühren. Den restlichen Auszug zusammen mit der Sahne aufkochen, vom Herd nehmen und die angerührte Maisstärke mit dem Schneebesen kräftig untermengen. Jetzt den Pudding unter ständigem Rühren noch einmal aufkochen lassen. In eine mit kaltem Wasser ausgespülte Schüssel gießen und abkühlen lassen. Vor dem Servieren mit einzelnen Robinienblüten bestreuen.

Erdbeeren mit Robinienblüten

Rezept-Tipp: Statt Maisstärke kann auch mit Pfeilwurzelmehl angedickt werden (Mengen und Zubereitung siehe Packungsbeschrieb).

Robinienblüten-Gelee • für ca. 1,2 kg Gelee

900 ml Robinienblüten-Auszug (siehe oben) • 500 g Gelierzucker (1:3)

Zunächst die Schraubdeckelgläser vorbereiten: Gründlich spülen und im Backofen bei 150–200 °C sterilisieren. Den Robinienblüten-Auszug in einem Topf mit dem Gelierzucker vermengen (Die Mengenangaben können je nach Produkt etwas unterschiedlich sein, bitte die jeweiligen Packungshinweise beachten). Unter ständigem Rühren zum Kochen bringen. Mindestens drei Minuten bei starker Hitze kochen, dabei kräftig weiterrühren. Für eine Gelierprobe gibt man etwas Gelee auf eine kühle Untertasse: Wird es fest, ist das Gelee fertig. Die heiße Flüssigkeit schnell in die heißen, sterilen Gläser abfüllen und verschließen. Einige Minuten auf den Kopf stellen, dann die Gläser umdrehen und fertig auskühlen lassen. Das Gelee ist kühl gelagert ein Jahr haltbar.

Sommerlinde

Tilia platyphyllos

Porträt

Linden begegnen uns an vielen Orten: in Parks, auf Friedhöfen, an Denkmälern, auf Dorf- und Kirchplätzen und als Alleebaum entlang von Straßen. Man kennt sie als „Dorflinde" und als Namensgeberin des hauptstädtischen Boulevards „Unter den Linden" oder als Namenspatin der Orte „Lindau" oder „Lindenau". Bekannt auch als „Gerichtslinde", unter der zu früheren Zeiten Recht gesprochen wurde oder als „Tanzlinde", unter der man feierte. Linden prägen seit langer Zeit unsere alltägliche Umgebung. Um so erstaunlicher ist es, dass die Familie der Lindengewächse (Tiliaceae), was die Verbreitung angeht, eine tropische Pflanzenfamilie ist: Nur sehr wenige der rund 400 Arten gedeihen in den gemäßigten Klimaten Nordamerikas und Eurasiens, von denen wiederum nur 30 Arten als Baum wachsen. So sind zum Beispiel die vor allem in Bangladesch angebaute **Jutepflanze** (*Corchorus capsularis*) und die aus dem südlichen Afrika stammende **Zimmerlinde** (*Sparrmannia africana*) ebenfalls Lindengewächse. Neben der Sommerlinde ist bei uns in Mitteleuropa auch die Winterlinde heimisch. Andere Arten, wie die Silberlinde und die Krimlinde wurden erst später als Ziergehölze eingeführt. „Unter den Linden" in Berlin stehen heute keine einheimischen Linden mehr, sondern die aus dem Kaukasus stammenden Silberlinden – wegen ihrer größeren Toleranz gegenüber Abgasen und trockener Stadtluft.

Lindenholz ist leicht zu bearbeiten und daher von Schnitzern und Drechselwerkstätten sehr begehrt. Es findet im Möbelbau und bei der Herstellung von Musikinstrumenten Verwendung. Die üppigen und stark duftenden Blüten der Linde zu Beginn des

Sommers sind eine hervorragende Bienenweide: Der sortenreine Lindenblütenhonig zeichnet sich durch das besondere, leicht herbe Aroma aus, das den Duft der Blüten wiedergibt.
Die Pflanzenteile aller bei uns wachsenden Lindenarten sind essbar und können ähnlich wie die hier beschriebene Sommerlinde verwendet werden. Da die Blätter der Sommerlinde jedoch besonders weich sind und sich durch einen angenehm milden Geschmack auszeichnen, befassen wir uns hier mit dieser Art.

Wuchs und Aussehen Sommerlinden werden bis zu 35 m hoch und können ein Alter von 1000 Jahren erreichen. Die herzförmigen Blätter werden mit bis zu 15 cm größer als bei der anderen heimischen Art, der Winterlinde. Darauf weist auch der botanische Name hin: „platyphyllos" bedeutet „mit breitem Blatt". Die wechselständig stehenden Blätter haben einen einfach gesägten Rand und sind lang gestielt. Auf der dunkelgrünen Blattoberseite sind sie mit kurzen Haaren versehen, auf der Unterseite heller und auf ganzer Fläche behaart. Auffällig sind die Blattnerven: Sie sind kahl und stehen hervor. In den Winkeln zwischen den einzelnen kahlen Nerven stehen kleine, weiße Haarbüschel. Jeweils drei bis fünf der kleinen, strahligen, gelblich-weißen Blüten hängen gemeinsam an einem Blütenstiel nach unten. In der Mitte dieses Blütenstiels ist ein Hochblatt mit dem Stiel verwachsen. Dieses dient den kleinen Nüsschen nach der Reife als Flugsegel. Im Unterschied zur Winterlinde lassen sich die Nüsschen der Sommerlinde nicht zwischen den Fingern zerdrücken.

***Typisch:** Die Linde können Sie an ihren herzförmigen Blättern erkennen. Die Nüsschen der Sommerlinde sind rund, bei genauem Hinsehen lassen sich jedoch Kanten erkennen.*

Vorkommen Als Waldbaum findet die Sommerlinde in luftfeuchten Berg- und Schluchtwäldern ihren natürlichen Standort. Allerdings ist ihr Vorkommen auf nährstoffreiche Böden in wintermilden Lagen beschränkt. Die Winterlinde ist dagegen weniger anspruchsvoll und gedeiht auch an Standorten mit kälterem, trockenerem Klima und ärmeren Böden. Beide Lindenarten sind als Zier- und Schattenbäume sehr beliebt und daher oft auf Plätzen und in Parkanlagen anzutreffen.

Charakteristische Inhaltsstoffe und Heilwirkungen Die Blüten enthalten ätherische Öle, Flavonoide, Schleimstoffe und Gerbstoffe. Die Früchte der Linde besitzen 20–28 % Öl und können daher auch zur Ölgewinnung genutzt werden. Lindenblütentee wird bei Erkältungskrankheiten verordnet: Er lindert den Hustenreiz, wirkt schweißtreibend und fördert den Schlaf.

Sammeltipps

Vom Frühjahr bis in den Herbst hinein gibt es an der Sommerlinde immer wieder etwas Wertvolles zu sammeln! Allerdings sind die Ernteperioden der noch nicht geöffneten Blütenknospen, der Blüten selbst und auch der jungen, noch zarten Früchte sehr kurz – sodass man den richtigen Zeitpunkt leicht verpasst. Aus diesem Grund ist es ratsam, wenn Sie sich in Ihrer unmittelbaren Umgebung oder entlang regelmäßig zurückgelegter Wege eine bestimmte, „eigene" Sommerlinde suchen. So lässt sich der jeweilige Entwicklungszustand leicht beobachten. Besonders bei der Ernte der Lindenblüten, die für den Heiltee verwendet werden, muss darauf geachtet werden, dass man frisch aufgeblühte Blüten sammelt: diese besitzen die höchste Wirkstoffkonzentration. Der ideale Tageszeitpunkt ist morgens, nach dem vollständigen Abtrocknen des Taus. Die

Blüten sollten dann möglichst rasch an einem schattigen, luftigen Platz zum Trocknen ausgebreitet werden. Wenn sie vor Trockenheit rascheln, kann man die Blüten durch vorsichtiges Reiben grob zerkleinern. Der fertige Tee wird dann in saubere, trockene Schraubdeckelgläser abgefüllt und an einem dunklen und kühlen Ort aufbewahrt. Der Trockenvorgang von Blüten und Blättern kann durch die Verwendung eines Dörrapparates mit Temperaturregelung beschleunigt werden (ideale Temperatur: 40 °C). Die Haltbarkeit der getrockneten Blüten und Blätter beträgt mindestens ein Jahr.

Verwendete Pflanzenteile und Erntezeit

junge Blätter	April bis Ende Juni
Blütenknospen	Mai bis Mitte Juni
Blüten	Mitte Juni bis Anfang Juli
junge Früchte	etwa zwei Wochen nach der Blüte
reife Früchte	Anfang September bis Oktober

Rezepte und Ideen

Lindenblättersalat

300 g junge Lindenblätter, evtl. mit Blütenknospen · 100 g Schafskäse · 3–4 EL kalt gepresstes Olivenöl · 1–2 EL weißer Balsamico · ⅓ TL Rohrohrzucker · 2 TL Senf 2 Schalotten, geschält und klein gewürfelt · Salz, schwarzer Pfeffer

Lindenblätter oder eine Mischung aus Blättern und Blütenknospen (mit Flügeln) kurz in Wasser tauchen und in einer Salatschleuder trocknen. Große Blätter nach Wunsch kleiner schneiden. Den Schafskäse klein würfeln und zum Salat geben. Für das Dressing die restlichen Zutaten miteinander vermengen und den Salat damit anrichten.

Lindenblättergemüse

1 große Zwiebel, geschält · 3 EL Olivenöl · 400 g junge Lindenblätter · 100 ml Sahne/Rahm · etwas Wasser bei Bedarf · 2–3 Knoblauchzehen, geschält · Salz, Pfeffer, Muskat

Zwiebel klein würfeln und in einem großen Topf in Olivenöl anschwitzen. Lindenblätter in Wasser tauchen und tropfnass in den Topf geben. Sahne zugießen und das Gemüse zugedeckt etwa fünf Minuten dünsten. Dabei rühren und bei fehlender Flüssigkeit etwas Wasser nachgießen. Mit dem zerkleinerten Knoblauch, Salz, Pfeffer und Muskat abschmecken und weitere drei Minuten garen. Flüssgkeitsmenge sowie genaue Garzeit sind von Blattalter und -konsistenz abhängig: zwischendurch probieren.

Lindenblütentee Linden lindern – besonders ein Tee aus den getrockneten Blüten! Zur Zubereitung pro Tasse 2 TL Tee mit kochendem Wasser übergießen und zugedeckt zehn Minuten ziehen lassen.

Rezept-Tipp: *Die schweißtreibende, beruhigende und heilende Wirkung des Lindenblütentees kann verstärkt werden, indem zusätzlich ein Lindenblütenbad genommen wird.*

Lindenblütenbad Dazu werden zwei Handvoll getrocknete Lindenblüten in 2 l Wasser zum Kochen gebracht. Den Sud zehn Minuten bei schwacher Hitze köcheln lassen und dann absieben. Einem warmen bis heißen Vollbad zugeben.

Lindenöl Die kleinen Nüsschen der Linde sind im September reif. Zur Herstellung von 1 l kalt gepresstem Lindenöl benötigen Sie 6–8 kg Früchte, je nach Leistungsfähigkeit der Ölpresse. Das Öl ist zitronengelb und eignet sich gut als Speiseöl. In sterile, dunkle Glasflaschen abgefüllt und kühl gelagert, ist es über den Winter hinweg gut haltbar.

Lindenblütenlimonade • für 1½ l Flüssigkeit

2 Handvoll frisch aufgeblühte Lindenblüten • 1 l Wasser • 2 Zitronen, Saft • 1 EL Rohrohrzucker • ½ l Apfelsaft

Zunächst wird ein wässriger Auszug aus den Lindenblüten hergestellt: Dazu gibt man die Lindenblüten in das Wasser und lässt dieses kurz aufkochen. Den Topf vom Herd nehmen und die Lindenblüten über Nacht zugedeckt ziehen lassen. Den Auszug am nächsten Tag durch ein feines Sieb oder ein Tuch abgießen. Mit dem Saft der Zitronen und dem Rohrohrzucker abschmecken. Im Verhältnis von 2:1 mit Apfelsaft vermischen.

Rezept-Tipp: Leicht gekühlt ist die Lindenblütenlimonade ein erfrischendes Getränk an heißen Frühsommertagen, zur Blütezeit der Lindenbäume.

Lindenkapern • für ein Glas von ¼ l Inhalt

1 große Handvoll junger Lindenfrüchte, entstielt • 1 TL Salz • ⅓ TL Rohrohrzucker 125 ml Wasser • 125 ml guter Essig (zum Beispiel weißer Balsamico)

Die noch grünen, zarten Früchte der Linde lassen sich ungefähr Ende Juni ernten und als „Kapern" in einem Sud aus Essigwasser einlegen. Man verwendet sie als Antipasti und als geschmackliche Bereicherung von Saucen, Suppen und Eintöpfen sowie zu Reisgerichten. Dazu alle angegebenen Zutaten in einem Topf etwa zwei Minuten weich kochen. Schraubdeckelgläser gründlich ausspülen und sowohl Deckel als auch Gläser unverschraubt in kochendem Wasser in einem großen Topf ca. zehn Minuten sterilisieren. Zum Abfüllen die Gläser mit einer Spaghettizange aus dem Ofen holen und zügig mit den heißen Lindenkapern befüllen. Die Kapern im Glas müssen komplett vom Sud bedeckt sein. Fest verschrauben und zum Abkühlen auf den Deckel stellen. Die Gläser später beschriften und an einem dunklen, kühlen Ort lagern.

Rezept-Tipp: Kapern mit Estragonessig zubereiten.

Lindenblütenlimonade

Spitzahorn

Acer platanoides

Porträt

Der Spitzahorn gehört zur Familie der Ahorngewächse (Aceraceae). In Mitteleuropa kommen nur vier Ahornarten in freier Natur vor, während es in Nordamerika oder Ostasien über 100 verschiedene Arten sind. Dort prägen die Ahorngewächse den Charakter ganzer Landschaftsbilder: Der wunderschöne „Indian Summer" wäre ohne die leuchtend bunte Färbung der unterschiedlichen Ahornarten ebenso unvorstellbar wie ein japanischer Garten ohne die besondere Grazie der Schlitz- und Fächerahorne. In Kanada dient das Ahornblatt als Nationalsymbol: Das „Maple Leaf" schmückt Flaggen und Münzen. Darüber hinaus liefert der Baum die Nationalspeise Ahornsirup.

Im Vergleich dazu spielt der Ahorn bei uns eine eher untergeordnete Rolle. Verantwortlich für die relative Artenarmut der mitteleuropäischen Flora ist der Verlauf der Alpen von West nach Ost. Zu Beginn der Eiszeit erschwerte dieses Hindernis vielen wärmebedürftigen Pflanzenarten den Rückzug nach Süden. Nach der Eiszeit verhinderte das Gebirge deren Wiedereinwanderung nach Mitteleuropa. Aus diesem Grund ist die europäische Flora im Gegensatz zur nordamerikanischen oder ostasiatischen sehr viel artenärmer: Dort konnten die Pflanzen entlang von Gebirgszügen wandern, die sich von Nord nach Süd erstrecken – und so der Kälte ausweichen.

Diese natürliche Artenarmut hat für uns Sammler einen Vorteil: Das Suchen und Erkennen des schmackhaftesten unter den vier einheimischen Ahornarten – dem Spitzahorn – ist sehr einfach. Der **kleinkronige Felsenahorn**, auch **Französischer Ahorn** (*Acer monspessulanum*), kommt nur an wenigen Stellen in wärmebegünstigten Lagen der Pfalz und in Südbaden vor. Der **Feldahorn** (*Acer campestre*) wächst meist als Busch oder kleinkroniger Baum an Waldrändern oder in Gebüschen und Hecken. Lediglich der **Bergahorn** (*Acer pseudoplatanus*) wächst wie der Spitzahorn zu mächtigen Exemplaren heran – anhand der verschiedenen Form der Blätter und Blüten können Sie diese beiden jedoch leicht voneinander unterscheiden (siehe unten).

Wuchs und Aussehen Ausgewachsene Spitzahorne können eine Höhe von 30 m erreichen. Die graubraune Borke zeigt nur wenige Risse. Wie bei allen Ahornarten ist die Anordnung der Blätter, Knospen und auch das Verzweigungssystem gegenständig: Es stehen sich also immer zwei Blätter, Knospen oder Zweige jeweils direkt gegenüber. Kennzeichnend für den Spitzahorn sind die für den Namen verantwortlichen, spitz geformten Blattlappen. In der Regel sind es fünf: Ihre Blattnerven treffen sich alle am Ansatz des Blattstiels. Die gelb-grünen Blüten des Spitzahorns erscheinen bereits vor dem Blattaustrieb in aufrechten, doldigen Rispen. Der Bergahorn dagegen präsentiert viel später und vor allem erst nach dem Blattaustrieb seine herabhängenden, traubenartig angeordneten Blüten.

Hauptunterschiede von Spitz- und Bergahorn

	Spitzahorn	Bergahorn
Blätter	zugespitzte Blattlappen	abgerundete Blattlappen
Blüten	aufrecht mit doldigen Rispen vor dem Blattaustrieb	herabhängend und traubenartig nach dem Blattaustrieb

Typisch: *Der Spitzahorn zeichnet sich durch den weißen Milchsaft aus, der beim Abbrechen eines Blattes oder eines jungen Triebes austritt.*

Vorkommen Der Spitzahorn ist ein für Mitteleuropa typischer Waldbaum. Was die Konkurrenz mit anderen Bäumen angeht, ist er der Buche unterlegen. So kommt es, dass der Spitzahorn von Natur aus vor allem an feuchten Standorten wächst, da es hier der Buche schon zu nass wird. Als Beispiel seien die „Hartholz-Auswälder" genannt. Der Spitzahorn bevorzugt feuchte und nährstoffreiche Böden. Da das sehr helle und harte Holz für die Herstellung von Möbeln und Parkettböden begehrt ist, wurde der Spitzahorn bei der Aufforstung von Edel-Laubhölzern gezielt gefördert. Deswegen ist er heute auch an klassischen Buchenstandorten anzutreffen. Der schöne Wuchs, die frühe Blüte und die prächtige Herbstfärbung machen den Spitzahorn weiterhin zu einem gern gesehenen Park- und Alleebaum.

Charakteristische Inhaltsstoffe und Heilwirkungen Der Spitzahorn ist keine klassische Heilpflanze. In der traditionellen Volksmedizin wird jedoch über die wohltuende Wirkung von Blattauflagen bei Geschwüren und Entzündungen berichtet. Der frische Blattsaft soll bei Insektenstichen und geschwollenen Augen helfen. Die Inhaltsstoffe belegen, wie wertvoll der Spitzahorn für unsere Gesundheit ist. Die jungen Pflanzenteile verfügen über einen hohen Gehalt an Mineralien und Spurenelementen (Kalium, Kalzium, Magnesium, Mangan und Eisen). Weiterhin enthalten ist viel Eiweiß (5 %) und Zucker (besonders im Milchsaft und im Nektar der Blüten). *Hildegard von Bingen* nutzte bereits die kühlende und abschwellende Wirkung und bereitete Umschläge aus Blättern und Rinde zu.

Sammeltipps

Die Erntesaison für den Spitzahorn beginnt im März mit dem Sammeln der Keimlinge. Sehen Sie sich zu dieser Zeit einmal in der nahen Umgebung alter Bäume um: Die Keimlinge bahnen sich zwischen der Laubstreu einen Weg ans Licht und sind hier oft gleich in Massen zu finden. Die beiden Keimblätter des jungen Spitzahorns sehen noch nicht wie typische Ahornblätter aus, sondern sie sind länglich geformt und glattrandig. Die Sämlinge können als Ganzes, also mit der kleinen Wurzel, geerntet und gegessen werden. Blüten, Blätter und Früchte wachsen im geschlossenen Waldbestand nur in den Kronen der Bäume und sind unerreichbar. An Waldrändern oder entlang von Waldwegen finden sich jedoch immer wieder alte Ahornbäume, die bis tief herunter Äste tragen. Hier können Sie bequem Blüten, junge Blätter und etwas später auch junge Früchte ernten.

Wenn Sie einen einheimischen **Ahornsirup** herstellen möchten, können Sie im Frühjahr (Februar/März) an kräftigen Bäumen den zu dieser Zeit in der Rinde aufsteigen-

den Milchsaft abzapfen. Dazu bohrt man mit einem Hand- oder Akkubohrer ein kleines, etwa 4 cm tiefes, im Winkel leicht ansteigendes Loch in die Rinde. Dort wird ein kurzes Rohrstück entsprechenden Durchmessers hineingesteckt. Jetzt müssen Sie nur noch ein Gefäß zum Auffangen des Milchsaftes darunterstellen und der Ahornsaft fließt durch das Rohr direkt hinein. Nach der Ernte sollte das kleine Loch mit einem Korken wieder passgenau verschlossen werden. Wer keinen eigenen Spitzahorn zum Anbohren besitzt, sollte – um Missverständnissen vorzubeugen – im Vorfeld die Erlaubnis des Eigentümers einholen (Rezept Ahornsirup: siehe Seite 65). Das Anbohren sollte in Höhe von ca. 40 cm erfolgen und die Bäume sollten mindestens eine Stammdicke von 30 cm Durchmesser aufweisen. Um dem Baum nicht zu schaden, sollte man die Menge des abgezapften Saftes auf maximal 3 l begrenzen. So kann der Baum sich schnell wieder erholen. Das zeitige Frühjahr, solange der Baum noch keine Blätter hat, ist die richtige Zeit zum Abzapfen. Treibt der Baum erst einmal aus, kann er durch das Zapfen geschwächt werden. Der frische Saft gärt bei Wärme schnell und ist daher nur einige Tage im Kühlschrank haltbar. Ahornsirup hingegen ist etwa ein Jahr lang haltbar (Rezept Seite 65).
Diese Hinweise gelten auch beim Abzapfen von **Birkenwasser**.

Verwendete Pflanzenteile und Erntezeit

Keimlinge	März bis April
Milchsaft	Februar bis März
Blüten	Ende März bis Ende April
junge Blätter	Mitte April bis Mitte Mai
junge Früchte	bis Ende Mai

Rezepte

Ahornblüten-Dessert

400 g Naturjoghurt, Schmand oder Quark · 6 EL Ahornsirup (Seite 65) · 2 EL Zitronensaft · 100 g Blütenköpfchen vom Spitzahorn · 4 Blütendolden vom Spitzahorn

Joghurt, Schmand oder Quark mit Ahornsirup und Zitronensaft vermengen. Die Blüten vorsichtig unterheben. Auf vier Portionsschälchen verteilen und mit jeweils einer Blütendolde verzieren.

Rezept-Tipp: *Besonders für Desserts und süße Gerichte können Sie Ahornsirup (Seite 65) statt Zucker verwenden – eine gesunde und köstlich-aromatische Süße!*

Blatt- und Blütensalat mit Spitzahorn

200 g junge Blätter und/oder Blüten · 2 EL kalt gepresstes Olivenöl · 1 EL natürlicher Apfelessig · 2 TL Senf · Salz, schwarzer Pfeffer, Rohrohrzucker

Für diesen Salat verwendet man nur sehr junge Ahornblätter, die kurz gewaschen werden. Sind die Blütendolden groß, zupft man sie etwas auseinander, um mundgerechte Stücke zu erhalten. Die Blüten nur vorsichtig ausschütteln, dann Blätter und Blüten vermischen und aus den übrigen Zutaten eine Vinaigrette herstellen. Den Salat damit anrichten.

Ahornkapern • für ein Glas mit ¼ l Inhalt

1 große Handvoll junge Ahornfrüchte mitsamt Flügeln · 1 TL Steinsalz · 125 ml Wasser 125 ml guter Essig (z.B. weißer Balsamico)

Aus jungen Ahornsamen lassen sich – einschließlich der noch weichen Propellerflügel – pikante Kapern herstellen! Dazu alle Zutaten miteinander vermischen und zehn Minuten weich kochen. Schraubdeckelgläser gründlich ausspülen und sowohl Deckel als auch Gläser unverschraubt in kochendem Wasser in einem großen Topf ca. zehn Minuten sterilisieren. Zum Abfüllen die Gläser mit einer Spaghettizange aus dem Ofen holen und zügig mit den heißen Ahornkapern und dem Sud befüllen. Fest verschrauben und zum Abkühlen auf den Deckel stellen. Die Gläser später beschriften und an einem dunklen, kühlen Ort lagern. Sie sind so etwa ein Jahr haltbar.

Rezept-Tipp: Wer den Estragongeschmack schätzt, kann die Kapern auch mit Estragonessig zubereiten. Ahornkapern eignen sich als Antipasti oder auch als würzige Zutat in Reisgerichten.

Feldsalat mit Ahornkeimlingen

2–3 EL kalt gepresstes Haselnussöl · 1 EL natürlicher Apfelessig · Salz, schwarzer Pfeffer, Rohrohrzucker · 300 g Feldsalat · ½ Apfel, geschält · ½ Zitrone, Saft 50–100 g Keimlinge vom Spitzahorn mit Wurzeln

Für das Dressing Öl, Essig, Salz, Pfeffer und Zucker miteinander verquirlen. Den Feldsalat putzen, vom Apfel das Kernhaus entfernen. Apfelhälfte klein reiben, sofort mit Zitronensaft vermischen und mit den Keimlingen unter die Salatsauce rühren. Die Sauce vorsichtig unter den Feldsalat heben.

Ahorn-„Blattspinat"

1 Zwiebel, geschält · etwas Olivenöl · einige EL Wasser · 8 Handvoll junge Ahornblätter · 2 Knoblauchzehen, geschält · Salz, Pfeffer, Muskat · 125 ml Sahne/Rahm

Die Zwiebel würfeln und in einer Pfanne in Öl anschwitzen, mit Wasser ablöschen. Die Ahornblätter grob zerkleinern und zugeben, dabei eventuell noch Wasser nachgießen. Mit gepresstem Knoblauch, Salz, Pfeffer und Muskat würzen und auf Wunsch mit Sahne verfeinern. Die Garzeit beträgt etwa sechs Minuten.

Rezept-Tipp: Dieser Ahorn-„Blattspinat" passt als Beilage hervorragend zu Hirse- oder Reisgerichten. Er kann auch als Mischung mit anderem Wildgemüse, beispielsweise Giersch oder Brennnessel, zubereitet werden (Rezepte dazu siehe Band 1: Die 12 wichtigsten essbaren Wildpflanzen).

Ahornsirup Der im Frühjahr frisch am Stamm gezapfte Ahornsaft ist roh und unbehandelt ein köstlicher Genuss. Er kann für allerlei Gerichte als aromatisches Süßungsmittel verwendet werden.

Um den frischen Saft durch Einkochen zum haltbaren Sirup zu machen, braucht man zunächst Flaschen mit Schraubdeckel. Dabei ist es empfehlenswert, den Ahornsirup in kleine Flaschen abzufüllen – da dieser in der Regel nur in geringen Mengen verzehrt wird und die einmal geöffneten Flaschen nur eine begrenzte Haltbarkeit haben. Die Flaschen und Schraubdeckel gründlich ausspülen und unverschraubt in kochendem Wasser in einem großen Topf ca. zehn Minuten sterilisieren. Der frische Ahornsaft wird auf kleiner Flamme köchelnd unter ständigem Rühren eingedickt, bis er die gewünschte Konsistenz aufweist. Dann den kochend heißen Sirup mittels eines sterilen Trichters in die vorbereiteten Flaschen abfüllen. Nach dem Abkühlen beschriften und an einem dunklen, kühlen Ort lagern.

Rezept-Tipp: Wird der Ahornsaft durch Einkochen zu einem Sirup konzentriert, ist er mindestens ein Jahr haltbar. So haben Sie dauerhaft ein alternatives Süßungsmittel zur Hand.

Amtipasti mit Ahornkapern

Vogelkirsche

Prunus avium

Porträt

Die Vogelkirsche, auch „wilde Kirsche" genannt, gehört zur Familie der Rosengewächse (Rosaceae) und wurde zum „Baum des Jahres 2010" ernannt. In der Begründung heißt es, dass die Vogelkirsche seit Jahrtausenden ein Begleiter des Menschen sei. Sie mache uns viele Male im Jahr große Freude: Im April strahle sie weiß leuchtend weithin ins Land, im Sommer liefere sie begehrte Früchte und im Herbst orange bis rote, feurige Blattfarben. Weiterhin wird gesagt, die Vogelkirsche sei „die Mutter aller Süßkirschen" und die uns allen bekannte Süßkirsche sei nur eine „Varietät" (Zuchtform) der Vogelkirsche. Tatsächlich stammen alle Kultursorten der Süßkirschen und auch viele Zierkirschen von der Vogelkirsche ab! Im Obstbau werden Kirschbäume grundsätzlich durch Veredelung erzeugt: Dabei werden besonders blühwillige Zweige auf die Vogelkirsche gepfropft. Mit einem speziellen Messer wird die Knospe einer Kultursorte, wie beispielsweise der Herzkirsche, einer jungen Vogelkirsche in geringer Höhe über dem Erdboden eingesetzt. Aus dem sich daraus entwickelnden Trieb werden in den folgenden Jahren der Stamm und später die Krone des jungen Kirschbaums gezogen – während die Triebe der ursprünglichen, wilden Vogelkirsche komplett entfernt werden. Diese veredelten Gehölze bestehen also aus zwei unterschiedlichen Teilen: unterhalb der Veredlungsstelle aus einem Wurzelstock der Vogelkirsche und oberirdisch aus der jeweiligen Kultursorte.

Das harte Holz der Vogelkirsche zeichnet sich durch eine charakteristische, intensiv orange-rötliche Färbung aus. Als Möbel- und Furnierholz sowie für die Herstellung von Musikinstrumenten ist es sehr begehrt.

Ein alter Brauch ist das Schneiden der Zweige am Tag der heiligen Barbara, dem 4. Dezember. Die Zweige der Vogelkirsche, die sogenannten Barbarazweige, werden in eine Vase in der warmen Wohnung gestellt. Werden die Knospen in den nächsten Wochen regelmäßig mit Wasser besprüht, erscheinen die Blüten rechtzeitig zum Weihnachtsfest. Sie sind ein Sinnbild für die in Erfüllung gehenden Wünsche im kommenden Jahr.

Wuchs und Aussehen Wilde Vogelkirschen sind von den bekannten Kultur-Kirschbäumen relativ schwer zu unterscheiden. Die Früchte der Wildform sind mit nur 1 cm Dicke jedoch deutlich kleiner, die Kronen schlanker. Die Vogelkirsche ist ein sehr wuchskräftiger Baum. Sie wird bis zu 30 m hoch und kann sich auch im geschlossenen Waldbestand gegenüber anderen Baumarten behaupten. Als Feldgehölz, Allee- oder Parkbaum wächst die Vogelkirsche weiter ausladend und erreicht nur geringere Höhen. In jungen Jahren weist der Baum eine streng geordnete Form mit spitzer Krone auf, sodass die Vogelkirschen vom Aufbau her zunächst den Nadelgehölzen ähnlich sehen. Die strenge Wuchsform verliert sich ab einem Alter von 20 Jahren zunehmend und verwandelt sich in einen sehr stark verzweigten, unregelmäßigen, rundlichen Wuchs mit einer kegelförmig aufgewölbten Krone. Die Blätter der Vogelkirsche sind bis zu 15 cm lang, unregelmäßig gezähnt, haben eine ovale Grundform mit ausgeprägter Spitze und stehen wechselständig am Zweig. Die rötliche bis graubraune Rinde ist leicht glänzend. Die Blüten sind reinweiß und lang gestielt. Sie wachsen an Kurztrieben, dem sogenannten Fruchtholz, und stehen nicht einzeln, sondern in Büscheln. Die Blütezeit beginnt ab Mitte April bis Mai. Da sich die Blüten schon kurz vor dem grünen Blattaustrieb ausbilden, erstrahlen die Vogelkirschen in reinem Weiß und heben sich vom Baumbestand des Waldes deutlich ab.

Typisch: *Die Vogelkirsche ist unserem kultivierten Kirschbaum sehr ähnlich. Die Früchte wachsen jedoch zu zweit bis sechst im Büschel und sind insgesamt etwas kleiner und heller gefärbt. Sie schmecken süßsauer.*

Vorkommen Das Areal der Vogelkirsche reicht von Nordafrika bis Nordeuropa. Ursprünglich ist sie ein Waldbaum. Durch die Verbreitung der Samen durch Vögel und das Austreiben von Stockausschlägen aus den Unterlagen ursprünglich veredelter Kirschbäume in alten Obstgärten hat sich das Gebiet der Vogelkirsche weit ausgedehnt. Sie ist heute nicht nur im Wald und an dessen Rändern anzutreffen, sondern auch auf verwilderten Obstplantagen, in Feldgehölzen oder als Bestandteil wilder Hecken und auf Ödland. Außerdem werden Vogelkirschen der schönen Blüte wegen als Park- und Alleebaum gepflanzt.

Charakteristische Inhaltsstoffe und Heilwirkungen Wilde Kirschen enthalten reichlich Kalium, Kalzium, Vitamin C sowie Provitamin A, Folsäure, Gerbstoffe, Pektin, Zucker und Enzyme. Die Früchte sind damit ein sehr wertvolles Lebensmittel. Die Kirsche wird nicht als klassische Heilpflanze angesehen; lediglich auf die diuretische, also harntreibende Wirkung wird regelmäßig hingewiesen. Dennoch ist sie ohne Zweifel eine nicht nur geschmacklich höchst willkommene, sondern auch sehr gesunde, saisonale Abwechslung auf dem Speiseplan.

Sammeltipps

Die Vogelkirsche wird im geschlossenen Waldbestand bis zu 30 m hoch; das Ernten der Früchte in diesen Höhen ist nahezu unmöglich. Daher ist es ratsam, sich an den bequem zu erreichenden Zweigen am Waldrand zu bedienen. Damit man diese günstigen Standorte nicht erst zur Zeit der Fruchtreife suchen muss, sollte man sich solche Exemplare schon zur Blütezeit einprägen. Mitte April/Anfang Mai leuchten die weißen Bäume aus den Waldrändern hervor – schon aus der Ferne sind sie leicht zu erkennen. Bei der Ernte der Früchte ist es sinnvoll, diese mit Stiel zu pflücken. So verhindern Sie das lästige Auslaufen des Kirschsafts und damit die hartnäckigen Flecken auf der Kleidung.

Verwendete Pflanzenteile und Erntezeit Die Früchte der Vogelkirsche sind das begehrteste Sammelgut. Die Blüten und die rötlich-grünen jungen Blätter der Triebspitzen finden lediglich als Beimischung in Tees Verwendung.

Blüten	Mitte April bis Anfang Mai
junge Blätter	Ende April bis Ende Mai
Kirschen	Ende Juni bis Mitte Juli

Rezepte

Natürlich schmecken Kirschen von der Hand in den Mund und wie in Kindertagen frisch vom Baum gepflückt, am allerbesten! Sättigen Sie in der Natur zunächst einmal den ersten „Kirschhunger". Nach diesem Genuss kann in Ruhe weitergeerntet werden, um dann nach bewährten Rezepten Kuchen, Desserts, Saft, Gelee und Marmelade herzustellen. Die „wilden Kirschen" schmecken intensiver als die aus ihr hervorgegangenen Zuchtsorten. Dementsprechend fallen die hier vorgestellten Rezepte etwas aus dem herkömmlichen Rahmen. Sie sollen als Anregung dienen: Wenn Sie den urigen Geschmack der Kirschen erst einmal besser kennen, sind der eigenen Kreativität keine Grenzen gesetzt.

Rezept-Tipp: *Entsteinte Kirschen lassen sich, in einem Dörrgerät schonend getrocknet, auch für den Winter haltbar machen. Getrocknete Früchte können als gesunde Nascherei, im Müsli oder auch im selbst hergestellten Kirschtee genossen werden (siehe folgendes Rezept).*

Kirschtee Aus den im Frühjahr gesammelten und getrockneten Blüten, den rötlich gefärbten Triebspitzen, den jungen Blättern und den getrockneten Früchten lässt sich eine eigene Teemischung herstellen. Darin trifft der Duft der Blüten auf das mandelartige Aroma der Blätter und den Fruchtgeschmack der reifen Kirsche: ein Genuss!
In die Teemischung kommen 60 % Früchte, 20 % Triebe und Blätter sowie 20 % Blüten. Für eine Tasse Tee überbrüht man 2–3 TL Teemischung mit kochendem Wasser und lässt diese etwa zehn Minuten zugedeckt ziehen. Bei Bedarf etwas süßen.

Süßer Kirschen-Hirse-Auflauf

300 g Hirse · 600 ml Wasser · 60 g Butter · 80 ml Sahne/Rahm · 100 g Honig, im Wasserbad verflüssigt · ½ TL Zimtpulver · 4 Eier, getrennt · 60 g Haselnüsse, grob gemahlen · 500 g Kirschen, entsteint

Die Hirse mit kochendem Wasser überbrühen, waschen und das Wasser abgießen. Dann die Hirse in 600 ml Wasser aufkochen, fünf Minuten köcheln lassen und zugedeckt auf dem ausgeschalteten Herd weitere 15 Minuten quellen lassen. Währenddessen Butter, Sahne, Honig, Zimt und vier Eigelbe gründlich miteinander verrühren, das Eiweiß für später aufbewahren. Die gemahlenen Haselnüsse und die entsteinten Kirschen hinzufügen. Den Ofen auf 200 °C (Umluft) vorheizen und eine Auflaufform ausfetten. Nun die vier Eiweiß steif schlagen und den Eischnee behutsam unter die Kirsch-Hirse-Masse heben. Nach 30 Minuten Backzeit ist der Auflauf fertig. Er kann heiß oder kalt serviert werden.

Konfitüre mit Vogelkirschen, Holunder und Walnuss

900 g Kirschen, entsteint · 200 ml Holunderbeersaft · 500 g Gelierzucker (1:3) 125 g Walnuss-/Baumnusskerne, fein gehackt

Die entsteinten Kirschen mit dem Stabmixer grob pürieren. Mit Holunderbeersaft und Gelierzucker vermischen und unter Rühren zum Kochen bringen. Nach zwei Minuten Kochzeit die fein gehackten Walnusskerne unterrühren und eine weitere Minute kochen lassen. Die heiße Marmelade sofort in heiße und sterile Schraubdeckelgläser abfüllen, verschließen und zum Abkühlen zunächst einige Minuten auf den Kopf stellen. Damit sich die Nussstückchen gleichmäßig verteilen, sollten die Gläser während des Abkühlens immer wieder einmal umgedreht werden. An einem kühlen und dunklen Ort gelagert, ist die Konfitüre mindestens ein Jahr haltbar.

Kirsch-Chutney

500 g Kirschen, entsteint · 50 g Rohrohrzucker · 1 daumengroßes Stück Ingwer (oder mehr – nach Geschmack und Schärfe) · 75 g Haselnüsse, geröstet und fein gehackt Salz, schwarzer Pfeffer, Zimtpulver · 3 EL Essig (z. B. Rotweinessig)

Die entsteinten Kirschen mit dem Rohrohrzucker zum Kochen bringen. Den Ingwer schälen, sehr fein würfeln und mit den vorbereiteten Haselnüssen zu den Kirschen geben. Mit Salz, reichlich schwarzem Pfeffer, Zimt und Essig abschmecken. Das Chutney etwa fünf Minuten kochen lassen – je nach Konsistenz der Kirschen. Dabei muss fortwährend gerührt werden, da die Masse sonst leicht anbrennt. Sobald die Kirschen zerfallen sind und die Flüssigkeit etwas eingedickt ist, kann das Chutney heiß in sterile und heiße Schraubdeckelgläser abgefüllt werden. Den Deckel gleich verschließen und die Gläser zum Abkühlen zunächst zehn Minuten auf den Kopf stellen, dann umdrehen. Das Chutney ist mindestens sechs Monate haltbar.

Rezept-Tipp: Das Kirsch-Chutney schmeckt hervorragend zu Reisgerichten.

Kirschkuchen

400 g Kirschen, entsteint · 80 ml Kirschwasser · 200 g Butter oder natives Kokosöl 150 g Rohrohrzucker · 1 Pck Vanillezucker · 5 Eier · 125 g Crème fraîche · 375 g Dinkel- oder Weizenmehl, Mehltype 1050 (alternativ: frisch gemahlen und durchgesiebt) 4 EL schwach entöltes Kakaopulver · 1 Pck Backpulver · etwas Puderzucker

Die entsteinten Kirschen im Kirschwasser mindestens eine Stunde marinieren, idealerweise in einer Schüssel mit Deckel. Den Backofen auf 160 °C Grad (Umluft) vorheizen. Die Kirschen über einem Sieb abgießen, dabei die Marinade (Kirschwasser und Saft) in einer Schüssel auffangen. Die weiche Butter mit Rohrohrzucker und Vanillezucker schaumig rühren. Mit Eiern, Crème fraîche und der Kirschmarinade vermengen. Dann Mehl, Kakao und Backpulver in den Teig sieben und alles gut verrühren. Zuletzt die marinierten Kirschen unterheben. Eine Gugelhupfform ausfetten und mit Mehl bestäuben, den Teig hineinfüllen und bei 160 °C Umluft oder 180 °C Ober-/Unterhitze etwa eine Stunde backen. Eine Stäbchenprobe ist aufschlussreich: Bleibt noch Teig am schräg eingesteckten Stäbchen kleben, muss der Kuchen noch weiterbacken. Er ist fertig, wenn das Stäbchen sauber bleibt. Den etwas abgekühlten Kuchen vorsichtig aus der Form stürzen und auf einem Kuchengitter ganz auskühlen lassen. Aus gesiebtem Puderzucker und Kirschwasser einen dickflüssigen Guss herstellen und den Kuchen damit bestreichen. Ist er getrocknet, kann serviert werden.

Walnuss

Juglans regia

Porträt

Die Walnuss (in der Schweiz: Baumnuss) gehört zur relativ kleinen Familie der Juglandaceae (Nussbaumgewächse). Diese umfasst 50 Baumarten und hat ihren Verbreitungsschwerpunkt in den Subtropen. Das ursprüngliche heimische Areal der Walnuss erstreckte sich vom östlichen Mittelmeerraum bis nach Zentralasien. Heute wird der Walnussbaum jedoch auch weit außerhalb dieses Gebiets kommerziell angebaut: Die wichtigsten Anbauländer sind China, USA, Iran, Türkei und die Ukraine. Vor der letzten Eiszeit war die Walnuss auch in Mitteleuropa heimisch, ist dann aber vom vorrückenden Gletschereis in das Mittelmeergebiet zurückgedrängt worden. Zu Beginn unserer heutigen Warmzeit schaffte sie die Rückwanderung über die Alpen nicht mehr aus eigener Kraft. Die Römer verhalfen der Art schließlich zum Sprung über die Alpen und führten die Walnuss als Kulturbaum in ihren nördlichen Kolonien ein. Später förderten Herrscher wie Karl der Große den Anbau der wertvollen Nuss. Dank dieser Maßnahmen ist die Walnuss heute wieder ein fester Bestandteil der heimischen Flora. Neben der nahrhaften Frucht des Baumes, der Walnuss, ist auch das schön gemaserte und gut polierbare Holz als Furnier- und Möbelholz sehr begehrt.

Wuchs und Aussehen Die Walnuss entwickelt sich zu einem bis zu 25 m hohen, im Alter mitunter mächtig ausladenden und reichlich verzweigten Baum mit locker angeordneten Ästen. Die Rinde der jüngeren Stämme ist glatt und hellgraubraun. Später bildet sich eine längs aufgerissene, hellbraune Borke aus. Kennzeichnend für die Walnuss ist ihr später Austrieb, der sich meist erst im Mai zeigt. Die jungen

Triebe sind auffallend rot gefärbt und ändern ihre Farbe nur langsam in ein sattes Grün. Die einzelnen, bis zu 40 cm langen, oft nicht exakt paarig organisierten Fiederblätter sind wechselständig am Zweig angeordnet. Sie setzen sich aus meist sieben oder neun länglich ovalen Teilblättern mit glattem Rand zusammen. Die Teilblätter werden bis zu 15 cm lang. Die Herbstfärbung der Walnussbäume ist oft wenig ausgeprägt und der Blattfall erfolgt innerhalb kurzer Zeit – zumeist mit dem ersten Frost. Aufgrund des hohen Gerbstoffanteils verrotten die Blätter nur sehr schlecht und sind daher auch schwer zu kompostieren. Der Nusskern ist zwei- oder vierlappig organisiert und vielfach gefaltet, was zu der typischen, einem Gehirn ähnlichen Form führt. Die Dicke der Steinschale ist von Sorte zu Sorte sehr unterschiedlich.

***Typisch:** Walnussblätter verströmen einen unverwechselbaren, herb-aromatischen Duft – vor allem, wenn Sie an den Blättern reiben. Da Insekten diesem Geruch eher ausweichen, kann man sich im Sommer unter einem Walnussbaum besonders wohlfühlen.*

Vorkommen Die Walnuss (Baumnuss) ist heute auf Streuobstwiesen, als schmückender Solitärbaum auf Dorfplätzen und als Hausbaum von Gehöften anzutreffen. Als Alleebaum wird die Walnuss nur selten verwendet. Sie finden den Baum auch in wilden oder verwilderten Feldgehölzen. Die Walnuss wächst vergleichsweise langsam; in der Forstwirtschaft spielte der Baum bisher nur eine unbedeutende Rolle. Dennoch kann ein astfrei und gerade gewachsener Stamm, der für die Herstellung hochwertiger Möbel und Furniere geeignet ist, einen Erlös von mehreren Tausend Euro einbringen. Deswegen gehen langfristig orientierte Waldbesitzer immer öfter dazu über, in geeigneten Lagen vermehrt auch sogenannte Edellaubhölzer wie die Walnuss anzupflanzen. Generell ist die Walnuss in den Tallagen der Schweiz und Österreichs sowie im Süden und Westen Deutschlands häufiger als in Nord- und Ostdeutschland. Dabei ist der Nussbaum nicht auf ein besonders warmes Klima angewiesen – er kommt schon mit einer durchschnittlichen Jahrestemperatur von nur 5 °C zurecht. Die Walnuss wächst sogar noch im südlichen Norwegen. Es sind vielmehr die strengen Fröste von unter –20 °C, die Schäden an den Bäumen verursachen. Aus diesem Grund hat es die Walnuss in mitteleuropäischen Regionen mit einem kontinental geprägten Klima schwerer, da hier häufiger winterliche Extremtemperaturen auftreten. In Gebieten mit einem generell wärmeren oder zumindest ausgeglicheneren Temperaturverlauf kommt sie besser zurecht.

Charakteristische Inhaltsstoffe und Heilwirkungen Ein Walnusskern enthält 62 % fettiges Öl, 14 % Eiweiß, 11 % Kohlenhydrate, 6 % Ballaststoffe und 2 % Mineralstoffe. Weiterhin beinhaltet die Nuss Vitamine der B-Gruppe und

reichlich Vitamin E. Die Walnuss ist eine reichhaltige Ölfrucht und ein ausgesprochen wertvolles Lebensmittel mit sehr hoher Energiedichte – sie ist sättigend und kalorienreich. Naturheilkundler nutzen die Blätter und die fleischige Fruchtschale des Walnussbaums. Die schweißhemmende, zusammenziehende, pilztötende Wirkung eignet sich zur äußerlichen Behandlung, beispielsweise als Badezusatz. Es hilft bei Hautleiden wie Akne und Ekzeme.
In der Blütentherapie nach *Dr. Edward Bach* wird die Essenz „Walnut" zur Behandlung von Selbstzweifeln in entscheidenden Lebensphasen, bei Unsicherheit und der Unfähigkeit, Entschlüsse zu fassen, eingesetzt.

Sammeltipps

Zur Walnuss-/Baumnussernte ist keine Leiter erforderlich: Die Früchte fallen zur Reifezeit herunter und nehmen dabei keinen Schaden – dank ihrer harten Schale. Nicht alle Nüsse werden zur gleichen Zeit reif und der Sammler steht in Konkurrenz zu Eichhörnchen, Waschbären und Rabenvögeln. Deswegen ist es empfehlenswert, wenn Sie den Boden unter den Bäumen während der zwei- bis vierwöchigen Erntezeit regelmäßig absuchen. Nach einem der ersten Herbststürme lohnt sich ein Besuch besonders. Wer die Möglichkeit dazu hat, sollte Anfang September einen Grasschnitt unterhalb der Krone durchführen oder je nach örtlichen Gegebenheiten das Unterholz entfernen: Das erleichtert das spätere Sammeln sehr. Manche Walnuss muss noch von Hand aus der grünen Schale befreit werden. Wenn Sie Ihre Hände vor den stark abfärbenden Schalen schützen wollen, tragen Sie dabei am besten Arbeits- oder Gartenhandschuhe. Das gründliche Entfernen der fleischig-dicken Fruchtschale ist allerdings unbedingt notwendig, um einer Schimmelbildung vorzubeugen! Das würde die Nuss ungenießbar machen. Ebenso ratsam ist es, die frisch gesammelten Walnüsse zu Hause sofort an einem warmen und vor allem trockenen Ort auf Zeitungspapier oder Karton zum Trocknen auszubreiten. Für den Wintervorrat können nur gänzlich trockene Nüsse verwendet werden: in Papiertüten oder Stoffsäcke verpackt und luftig, trocken und kühl gelagert. Auf diese Weise können die Nüsse mindestens ein Jahr verwendet werden.

Verwendete Pflanzenteile und Erntezeit

Nüsse	Mitte September bis Anfang Oktober

Rezepte

Walnuss-Eichel-Pralinen • für 20 Stück à 20 g

180 g Eichelmehl (siehe Seite 25) · 180 g Walnuss-/Baumnusskerne · 40 g Rohrohrzucker · etwas Kakaopulver

Das Eichelmehl mit den Walnusskernen und dem Rohrohrzucker vermischen und durch einen Fleischwolf drehen. Aus der Pralinenmasse runde Kugeln formen und diese in Kakaopulver wenden. Diese Pralinen sind ein edler Genuss in gesunder Rohkostqualität!

Rezept-Tipp: *Mischen Sie sich doch ein eigenes „Studentenfutter" aus Ihren Lieblingsnüssen, vermischt mit Rosinen – eine kraftspendende Pausenmahlzeit!*

Walnuss-Kartoffeln

4 große Kartoffeln · 100 g Walnuss-/Baumnusskerne, gehackt · etwas Olivenöl
2 EL Sahne/Rahm · 2 EL Wasser · Salz, Cayennepfeffer, edelsüßes Paprikapulver

Die Kartoffeln halbieren und mit Schale etwa zehn Minuten im Backofen vorgaren. Dann die Hälften aushöhlen, sodass zwar stabile, aber doch möglichst dünnwandige „Kartoffelschälchen" entstehen. Die Kartoffelmasse aufbewahren. Für die Füllung die gehackten Walnüsse in etwas Olivenöl anrösten, mit Sahne und Wasser ablöschen. Dann die Kartoffelmasse unterrühren und mit Salz, Cayennepfeffer und Paprika abschmecken. In die ausgehöhlten Kartoffelhälften füllen und diese im vorgeheizten Ofen etwa zehn Minuten bei 200 °C fertig backen. Eine schöne Beilage für ein herbstliches Menü.

Walnuss-Spätzle

400 g Dinkel- oder Weizenmehl, Mehltype 1050 (alternativ: frisch gemahlen und durchgesiebt) · 100 g Walnüsse/Baumnüsse, gemahlen · 125 ml Wasser · Salz 5 Eier · etwas Butter

Aus Mehl, gemahlenen Walnüssen, Wasser, Salz und Eiern in einer tiefen Teigschüssel einen Spätzleteig anrühren, bis er Blasen wirft. Den Teig 10–15 Minuten ruhen lassen. In einem großen Topf reichlich Salzwasser zum Kochen bringen und den Teig portionsweise in das sprudelnd kochende Wasser geben. Dazu entweder eine Spätzlepresse benutzen oder den Teig mit einem langen Küchenmesser vom Brett schaben. Sobald die Spätzle obenauf schwimmen, sind sie gar und können mit einer Schaumkelle abgeschöpft werden. Mit kaltem Wasser abschrecken. Zum Aufwärmen werden die Spätzle vor dem Servieren in einer heißen Pfanne mit etwas zerlassener Butter geschwenkt.

Walnuss-Sauce

1 Zwiebel, geschält · 10 Walnuss-/Baumnusskerne, klein gehackt · etwas Olivenöl 100 ml Sahne/Rahm · 300 ml Gemüsebrühe · 100 g Walnüsse, gemahlen 1 EL Weizenmehl, Mehltype 1050 (alternativ: frisch gemahlen) · etwas Wasser 2 Knoblauchzehen, geschält · Salz, Pfeffer, Thymian, Majoran

Die Zwiebel würfeln und mit den klein gehackten Walnusskernen in etwas Olivenöl andünsten. Mit Sahne und Gemüsebrühe ablöschen, dann die gemahlenen Walnüsse zugeben. Das Mehl mit etwas Wasser verrühren und die Sauce damit andicken, bis die gewünschte Konsistenz erreicht ist. Mit dem gepressten Knoblauch, Salz, Pfeffer, Thymian und Majoran würzen.

Rezept-Tipp: Eine leckere Pastasauce, die für Abwechslung sorgt! Wer mag, kann zuletzt noch Blauschimmelkäse unter die Sauce rühren oder frisch geriebenen Pecorino zur Pasta reichen.

Walnuss-Brotaufstrich

1 Zwiebel, geschält · etwas Olivenöl · 2 Knoblauchzehen, geschält · Salz, Pfeffer, Thymian, Majoran · 200 g Walnüsse/Baumnüsse, gemahlen

Die fein gewürfelte Zwiebel in etwas Olivenöl anbraten. Den gepressten Knoblauch, Salz, Pfeffer, Thymian und Majoran dazugeben und kurz darin anschwitzen, dann die Walnüsse hinzufügen. Alles vermengen und noch heiß in ein sauberes Schraubdeckelglas füllen. Den Aufstrich nach dem Abkühlen im Kühlschrank lagern; so ist er einige

Tage haltbar. Etwa 15 Minuten vor dem Verzehr aus dem Kühlschrank nehmen – bei Zimmertemperatur entfaltet sich der Geschmack besser! Da das selbst hergestellte Mus keine Emulgatoren enthält, kann sich nusseigenes Öl absetzen. Vor dem Verzehr das Mus einfach umrühren, dann wird es wieder cremig.

Rezept-Tipp: Für einen süßen Brotaufstrich werden die Walnusskerne im Fleischwolf zu Mus verarbeitet. Dieses wird zu gleichen Teilen mit Honig (zum Beispiel Blüten- oder Rapshonig) vermengt. In ein steriles Glas mit Schraubdeckel abfüllen und innerhalb von zwei Wochen verbrauchen.

Walnussöl Aus 1 kg Walnuss-/Baumnusskernen erhält man mit einer Handpresse etwa ½ l Öl – je nach Leistungsfähigkeit der eingesetzten Technik. Das kalt gepresste Walnussöl ist klar, von gelber Farbe und wegen seines delikaten Geschmacks ein ausgezeichnetes Speise- und Würzöl. Es kann sehr schnell ranzig werden – daher ist es ratsam, die als Vorrat eingelagerten Nüsse bei Bedarf portionsweise zu Öl zu pressen. Das Walnussöl muss in eine absolut saubere, sterile Flasche aus dunklem Glas abgefüllt werden und an einem dunklen, kühlen Ort aufbewahrt werden.

Literatur

Bänziger, E./Bury, F.: **Kastanien**. FONA Verlag, Lenzburg 2008.

Bänziger, E.: **Das goldene Buch der Walnuss**. Hädecke Verlag, Weil der Stadt 2005.

Berger, M.: **Von der Heilkraft der Bäume**. Neue Erde Verlag, Saarbrücken 2008.

Fleischhauer, S.: **Enzyklopädie der essbaren Wildpflanzen**. AT Verlag, Aarau und München 2003.

Fleischhauer, S.: **Essbare Wildpflanzen**. AT Verlag, Aarau und München 2007.

Franke, W.: **Nutzpflanzenkunde. Nutzbare Gewächse der gemäßigten Breiten, Subtropen und Tropen**. Thieme Verlag, Stuttgart 2007.

Heywood, V. H.: **Blütenpflanzen der Welt**. Birkhäuser Verlag, Basel 1982.

Krause, K.: **Unsere wild wachsenden Küchenpflanzen. Eine Handreichung für die Kriegszeit**. Deutsche Lehrbuchhandlung, Berlin 1915.

Löw, H.: **Pflanzenöle: Anbau und Verarbeitung der gängigen Ölpflanzen**. Herstellung von Spezial- und Gewürzölen. Leopold Stocker Verlag, Graz und Stuttgart 2003.

Louis, L.: **Wilde Waldküche – Vegetarische Genuss-Rezepte aus den Früchten des Waldes**. Walter Hädecke Verlag, Weil der Stadt, 2014.

Lüders, E.: **10 Pfund Eicheln sind 7 Pfund Eichelmehl. Ein Eichelkochbuch.** In: Wiederaufbau der deutschen Ernährung, Heft 4. Alfred H. Linde Verlag, Berlin 1946.

Rothmaler, W.: **Exkursionsflora von Deutschland, Band 3: Atlas der Gefäßpflanzen**. Verlag Volk und Wissen, Berlin 1991.

Scheffer, M.: **Bach Blütentherapie – Theorie und Praxis.** Irisiana/Hugendubel, 1986.

Schilcher, H.: **Kleines Heilkräuter-Lexikon.** Hädecke Verlag, 2008.

Schmeil, O. und Fitschen, J.: **Flora von Deutschland**. Quelle und Meyer Verlag, Heidelberg 1988.

Schoenichen, W.: **Von deutschen Bäumen**. Walter de Gruyter & Co., Berlin 1950.

Strauß, M.: **Die 12 wichtigsten essbaren Wildpflanzen: bestimmen, sammeln und zubereiten**. Walter Hädecke Verlag, Weil der Stadt 2010.

Strauß, M.: **Köstliches von Hecken & Sträuchern: bestimmen, sammeln und zubereiten.** Walter Hädecke Verlag, Weil der Stadt 2011.

Strauß, M.: **Köstliches von Sumpf- und Wasserpflanzen: bestimmen, sammeln und zubereiten.** Walter Hädecke Verlag, Weil der Stadt 2013.

Strassmann, R.: **Baumheilkunde – Heilkraft, Mythos und Magie der Bäume.** Freya Verlag, Linz 2013.